U0029586

最高數字思考術

用小學生的「四則運算法」
成為★高績效職場強者
19堂提升**自我產值**與
賺錢敏銳度的數感課

中尾隆一郎 著
劉格安 譯

「数字で考える」は武器になる

前言

如果我說：「**現代商務人士必須具備『用數字思考』的能力。**」相信大部分的人都會認同地說：「確實如此！」尤其當我對身為經營者或管理階層的人提起時，對方都會大力點頭稱是，因為他們都有「用數字思考」的習慣，所以從經驗上就能明白這個能力的重要性，或是對「部下都不用數字思考」感到不滿，因此我提出的說法讓他們深表認同。

「用數字思考」對工作能達到什麼效用，我都整理在**圖1**當中了。

第一，是能夠使用「數字」作為共通語言，與經營者或管理階層對話。具體而言，就是能夠運用數字製作資料，進而**提升「說服力」**或**「傳達力」**。結果就是**能夠發揮領導力**。

第二，是能夠解讀數字的「意義」，亦即**提升**你的數字感，成為具備「賺錢敏銳度」的人才。

最後第三個效用是，能夠隨時意識到相對於投入（時間或金錢）可以有多少產出（成果），一般稱之為ＲＯＩ（投資報酬率，Return on Investment）。若工作時能夠意識到ＲＯＩ，你的**「工作的速度」或「生產力」自然會向上提升**。

換句話說，**「用數字思考」可以讓人在短時間內，成為能夠創造出成果的人——不僅充滿說服力，同時也能提出創造利益的提案**。換言之，這樣的人才就是能創造企業利益的**「賺錢員工」**。當然，經營者或管理階層的人絕對不會想將這樣的人才拱手讓人。

工作的成果與該工作必須具備的能力中「最弱的能力」（又稱制約條件）**相關**。簡言之，制約條件會拖累工作的成果，而制約條件是「用數字思考」的人非常多。換句話說，只要能夠強化「用數字思考」的能力，就很有可能一舉創造出更好的結果。

「用數字思考」的能力是**跨企業或跨產業皆適用的「可攜式技能」（portable skill）**。如今已邁入「人生百年」時代，而值得慶幸的是，健康壽命也逐漸延長。也就是說，一個人能工作的期間愈來愈長。另一方面，企業的壽命則逐漸縮短。換言之，要在一家企業服務到退休的難度會愈來愈高。

圖 1 「用數字思考」會對工作帶來什麼改變？

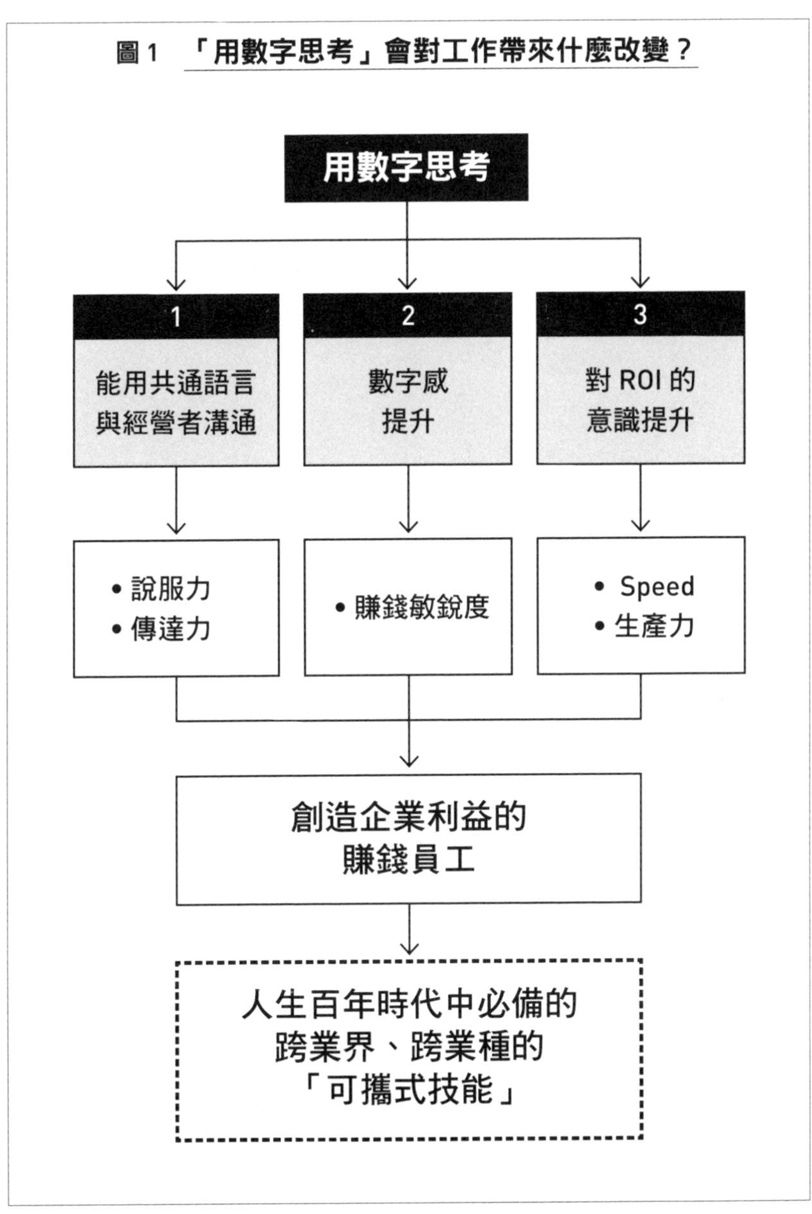

這將導致轉職、創業、副業與複業等變化更顯得理所當然。身處在這樣的變局當中，跨企業或跨產業皆適用的**「數字思考力」**，應該可說是**商務人士的必備技能**吧。

只要靠小學程度的「四則運算法」，就能有效提升工作水準

另一方面，也有不少人說：「雖然知道數字對工作有幫助，但我還是不擅長。」事實上，我周遭也有很多回答自己「不擅長數字」的人，尤其說到「用數字思考＝需要統計等高難度的數學」時，這個比例更是大幅增加。確實，統計的知識或技能很重要，如果具備這類技能的話，對工作有助益的情況也不在少數。

只不過，本書所要探討的「數字」，講的並不是統計學，而是更簡單的數字活用法。具體來說，就是**用四則運算**（＋、－、×、÷）**即可做到的「數字思考力」**。每當我提出這樣的說明，大部分的人即使心裡懷疑「真的嗎」，還是會露

出「那樣的話，說不定我也做得到」的表情。

其實只要妥善運用四則運算法，就能在各種想得到、想不到的工作場合派上用場。這並非誇大不實的廣告，而是事實。

本書的目的是指導大家簡單地活用數字，學習提升工作水準的技能知識。說得更精準的話，這是一本只要妥善運用義務教育中學到的算術，即可將「用數字思考」當成工作利器使用的書。只要閱讀本書，你也可以光靠四則運算法，**成為具有「說服力」、「傳達力」、「賺錢敏銳度」，以及有效提升「工作速度」與「生產力」的商務人士**。

日本資訊業龍頭瑞可利集團的員工，都用數字來判斷所有工作

接下來，請陪我回顧一下陳年往事。

我在一九八九年四月到二〇一八年三月的二十九年間，任職於瑞可利集團。在環境、上司與同仁的眷顧下，我得以在任職期間累積各種豐富的經驗。具體而

言，我從技術職開始，先後做過業務、事業企劃、業務企劃、調查、研究、事業開發、行銷、管理會計、事業整合、事業稽核、事業經營、企業經營等工作。我參與過總公司的控股工作，也擔任過子公司的總經理、事業公司的執行董事，負責急速成長的新興事業開發。另外也擔任過支援企業徵才的業務，並參與支援業務人員的業務企劃工作。我也**在SUUMO COUNTER與瑞可利科技這兩個組織中，在短短幾年內完成數百名規模的人力雇用與培育，同時實現急速成長與低離職率的成果**。

當然，這條路走來並非一路順遂。我也曾在二〇〇〇年前後提出前往中國發展的提案，遭到董事會以「為時尚早」的理由否決。說個題外話，在過了約二十年後，瑞可利集團成為一家海外營收占總營收一半的跨國企業。回想當年集團對我的提案做出「海外發展為時尚早」的判斷，就有種恍如隔世之感。

我在二〇一八年三月辭去瑞可利集團的工作。在任職於該公司期間，我也一直有所察覺，就是即使從外人的角度來看，**瑞可利集團的所有部門，尤其是經營團隊或管理階層，都很擅長「用數字做判斷」**，正確來說，是「非常喜歡」。第一線的人都用數字來提案，經營者也一定會用數字做判斷，瑞可利持續實踐著這些理所當然的事。

舉例來說，假設某事業部門提案要提高20%的營收計畫，其中的10%是透過增加業務員，另外10%則藉由生產力的提升來實現，因此必須投資。經營團隊會根據這些數字進行判斷。關於增員的部分，會針對雇用辦法與雇用期間、培訓方法、培訓期間及個別的效率性，以數字進行問答，來確認可實現性與ROI（投資報酬率）；提升生產力的部分也一樣，會使用數字進行確認——如果能夠判斷那些數字具有整合性與高度可實現性的話，就會通過那份草案。

為了「用數字做判斷」，在那之前必須先「理解數字」才行。換句話說，順序是「理解數字」→「用數字做判斷」。而在「理解」與「判斷」之間，隔著一堵高牆。

在一般企業中，「理解數字」卻不會「用數字做判斷」的情況並不在少數。明確地說，就是停留在「能夠理解數字」的階段而已。

例如，「調查報告」就是最常見的例子——雖然理解調查報告的內容，不過光看報告上的數字，並不會做出任何判斷，「直到調查得更詳細以後，留待下次再做決定」，類似這樣的情況你應該多少都有見過吧。這種事在日本企業時有所聞，有時甚至到了下一次會議也不會做出任何決定。

我任職了二十九年的瑞可利集團，是「理解數字」並且「用數字做判斷」的企業。換句話說，就是**用數字做判斷，並實際採取行動**。此外，從**「理解數字」到「用數字做判斷」之間的間隔也很短**。這才是所謂的「用數字做判斷」。

當然，我們絕對不可能用未經充分思考的數字做判斷。第一線人員一定得具備編製與提案正確數字的能力。

我的「數字解讀與思考法」講座，能夠連開十一年的理由

瑞可利集團內部有一所**「媒體學校」**，是專為職能開發所設的企業大學。這裡是以講座形式提供公司希望員工有所涉獵的主題或技術教學。由於瑞可利是

「用數字做判斷」的公司，因此當然必須要有關於數字的講座。

我曾在這裡連續十一年擔任**「數字解讀與思考法」**與**「KPI」（關鍵績效指標）**這兩個主題的講師。雖說是講師，但並不是專職講師，而是在我負責前述各式各樣的業務之餘，每年舉辦兩次講座，每次大約會有五十人參與，十一年間總計有超過一千名經理或學員參加過我的講座。

一場講座能否續辦，是由聽講者的問卷調查所決定的。換句話說，儘管有自吹自擂之嫌，但這表示我的講座是蟬連多年的人氣講座。至於總共做過幾次問卷調查，由於十一年間每半年就舉辦一次講座，因此11年×（一年2次）＝20次左右。等於我**連續主講了二十次講座，聽講者的滿意度都很高**。

二〇一八年六月，我將自己在媒體學校負責的兩個講座之一的「KPI」講座內容付梓成書，書名是《創造最佳結果的KPI管理》（最高の結果を出すKPIマネジメント），半年左右就獲得七刷的好評。既然如此，我擅自妄想另一個「數字解讀與思考法」講座是否也對大眾有幫助呢？結果就收到神吉出版米田寬司先生的邀約，問我：「要不要寫一本關於數字的書？」

雖然這對我個人而言是件榮幸的事，但在撰寫本書期間我也不免緊張懷疑：

「好事有可能成雙嗎？」

我在「數字解讀與思考法」講座中，傳達給聽講者的內容就如**圖2**所示，共有五大重點。也就是說，①光是活用四則運算法（＋、－、×、÷），就能大幅提升工作水準，並做出效果顯著的分析或提案；此外，如果再加上②作業前先建立假說，有效率地執行工作，並在向上司或旁人說明之際，活用圖表或繪畫加以③視覺化，傳達方式也會大幅改善；然後是④定性資料，我一再強調，不只是採用別人提供的數字而已，充分活用自己或旁人過去的知識、經驗也很重要。

再補充一下④定性資料。成功人士獲取成功的關鍵，就是將乍看之下不同領域的技能知識串連起來，蘋果公司創辦人賈伯斯就是一例。各位聽過Connecting the dots的故事嗎？賈伯斯成功地把文字藝術（Calligraphy）活用在麥金塔電腦的開發上，而類似這樣的事蹟，都是動用自己過去所有知識或經驗的絕佳案例。

最後是⑤比較。其實不僅限於數字而已，在分析個案的時候，有可能光看分

圖2　本書的5大重點

1. **四則運算（＋、－、×、÷）**
只靠基本算術的知識就能活用數字。

2. **情境（假說）**
在開始分析（作業）前，要先從目標往回推算。

3. **視覺化**
使用圖表或繪畫來輔助思考。

4. **定性資料**
替數字（定量資料）加上過去的經驗或知識。

5. **比較**
尋找比較對象來做判斷。

析標的仍然摸不著頭緒，此時若加入比較的對象，就能夠提高各種提案的真實性與可實現性。

本書不僅包含我在瑞可利「媒體學校」的講座內容，更添加了許多原創的內容。

請務必要仔細閱讀，養成「用數字思考」的習慣，進而提高你的「說服力」、「傳達力」、「賺錢敏銳度」、「工作速度」與「生產力」。

相信你一定會很驚訝，發現**「原來光靠四則運算，就能讓工作成效變得如此顯著！」**

最高數字思考術　目次

第1章 讓生產力爆速提升的數字力

第2章 解讀數字背後的意義

第3章 提高賺錢敏銳度的數字力

賺錢敏銳度 1　損益兩平點的控制法　128

賺錢敏銳度 2　二軸思考法　161

第4章 讓人行動的領導者數字力

第5章 自由運用數字力的7個思考框架

第1章

讓生產力爆速提升的數字力

「工作速度快」能夠感動他人。

請想像一下，假如你指派工作給員工，對方在「截止日以前」就交出成品，請問你會有什麼感覺呢？

我對於「成品提早呈交」這件事，無條件感到高興。當然，成品的品質很重要。檢查過成品之後，如果達到預期中的水準，我會更高興，同時可能也會信任那個人，覺得他是「工作能力好的人」。

如果成品的水準超出預期的話，我更會感動地想知道他是如何在短時間內完成的。依我的個性，說不定還會刨根問底地詢問他工作的流程。

另一方面，就算成品的水準不如預期，也不構成問題。**因為提早呈交上來，所以到截止日前還有時間可以修正。**

圖 3　實現 Speed is Power（提升生產力）的兩種方向性

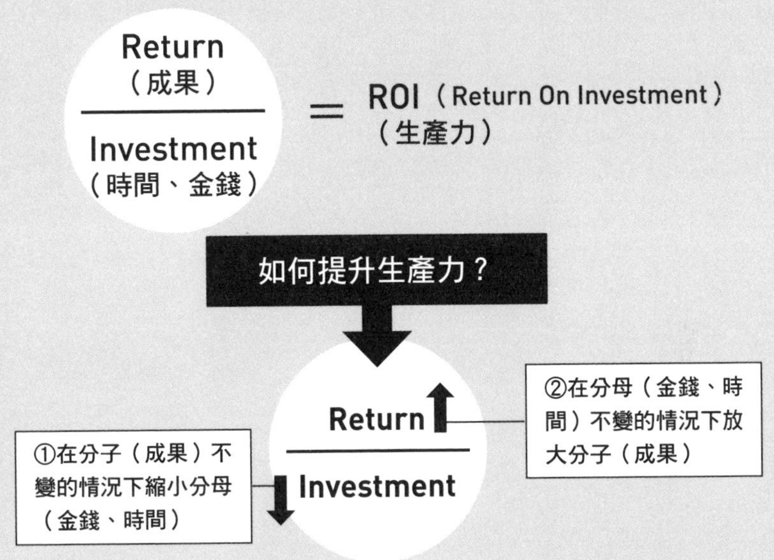

換言之，「工作速度快」是讓旁人認為你「工作能力好」非常重要卻簡單的方法。我稱之為 **Speed is Power**。如圖 3 所示，這句話的意思就是①「用更短的時間完成相同的工作」；或②「用相同的時間完成更多工作」。前文所述的在「截止日以前」提交成品，就屬於①的類型。①與②都是提升生產力的方法。如果用〈前言〉中提到代表生產力的ROI來說明，①就是讓分母的I值變小；②則是讓分子的R值變大。①與②都會使生產力（ROI）的值變大。

我刻意使用 Speed is Power 而非「生產力」來表達，是有特殊用意的。

這句話是我任職於瑞可利住居公司期間的分社長，也就是現在瑞可利控股CEO峰岸真澄先生，在該公司所主導的計畫之標語，目標是同時實現「勞動時間削減」與「生產力提升」（這句話最初是由 INSIGHT COMMUNICATIONS 社長紫垣樹郎所構思）。這個計畫的成果斐然，成功達成削減勞動時間與提升生產力的雙重目標。

語言非常地重要，因為如果向第一線傳達「提高生產力」的訊息，大家會說：「好！」如果最後能夠實現的話還沒問題，但無法實現的情況也所在多有，這是為什麼呢？

生產力提升的話，顯然對公司有益。一旦生產力提升，公司業績也會提升。不過**這句話卻很難讓員工理解那對自己有什麼好處**。結果生產力的提升，很多都只停留在公司號令的階段。尤其我感覺一般所謂白領職級的人，這種傾向會更強烈。

然而事實上，在提升生產力的過程中，每一個人也都能夠學到各種技能。換言之，對我們也有很大的益處。瑞可利的專案營運者就是希望能表現出這一點。不過可惜的是，如果只用「提高生產力」這種了無新意的標語，感覺很難充分傳達給其他人。

Speed is Power 的言下之意就是：**只要提升速度，它就會成為「你的工作力」**。這樣講應該就比較容易理解了。因此，在說明「提高生產力」的時候，我都會使用 Speed is Power 這句話。

超時工作者獲得好評是合理的嗎？

然而，日本企業與 Speed is Power「相反」的情況卻驚人地多。具體來說，就是根深蒂固地殘留著對加班者給予好評的文化，亦即傾向於肯定「長時間勞動的人＝工作認真、努力」。

此外，長時間勞動者有時還會被重複評價。首先，他們賺取到的加班費，是一種對長時間勞動的肯定。其次，在期末考核績效時，也容易因為「這個人（長時間）都很努力」而替考績加分。如此一來就會變成重複評價。

因此，**我在進行考核時，都會準備好加班費的資料**。期末考核時，也會一邊檢視加班費的資料，一邊確認「長時間勞動」是否有重複評價的狀況。這也算是運用數字進行公平考核的方法之一吧。

在安倍政權提倡「工作方式改革」的討論中，最初也有很多意見認為「不能縮短勞動時間」。理由是：一旦減少勞動時間，成果就會縮小，導致業績惡化。

真的是這樣嗎？如果「減少勞動時間，成果就會縮小」正確的話，表示這句話隱藏著一個前提，那就是這些公司的生產力無法再改善了。換句話說，前提就是這些企業的生產力已經高到無法再提升的極限。當然，那樣的公司或職場或許存在，不過大部分企業或職場的生產力是否已高到極限？這一點還令人存疑。

事實上，每當討論到國別生產力的比較時，日本得到的評價一向是藍領的工時生產力雖高，白領的工時生產力卻很低，比如說以報告為主的多人會議，就是生產力低下的典型事例吧。其他像是要求業務員一味追求成果而長時間勞動、在系統開發上投入人力卻不測量生產力、在不授予海外子公司或海外視察團隊任何權限的情況下，拜訪投資名單上的新創企業，讓對方感到無所適從等等，也都是低生產力的典例。

一般都說白領的生產力難以測定，不過這卻是一種以「難度」作為擋箭牌，

第 1 章要解說的 3 種數字思考法

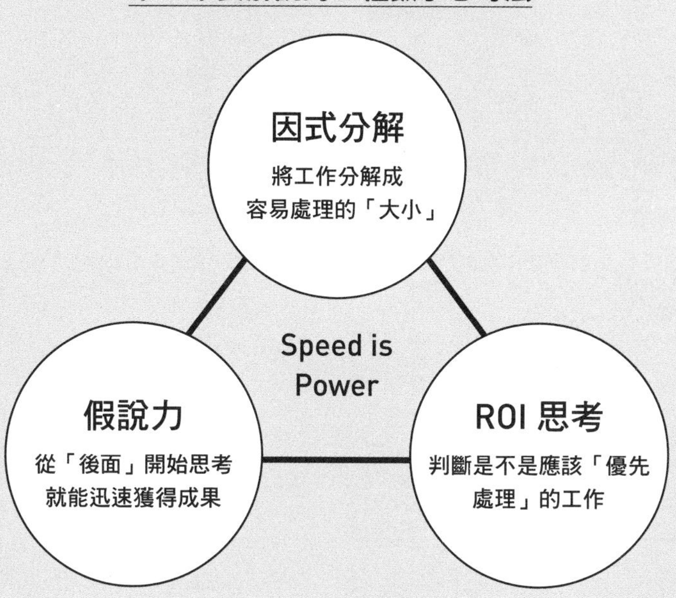

不去測定生產力的行為。**用數字留下記錄是提高生產力的第一步**。不過是不是大部分的公司或職場都不這麼做呢？話雖如此，卻又說減少工作時間，業績就會下滑，這究竟是根據什麼做出的判斷，實在令人不解。

只要能用數字掌握現狀，用正確的方法進行改善，公司就能夠提高生產力，員工也得以實現Speed is Power。

那麼該掌握哪些數字才好呢？以下就是具體的方法。

1 因式分解

案例

「抱歉耽誤一下，可以請你在三天內完成這份資料嗎？」

現在是星期二下午，你委託一位總是看起來很忙的部下製作資料，這份資料只有他會做。請問當你提出請求時，那位部下的反應比較接近下列何者呢？

或者將立場反過來，假如上司委託你製作資料，這時你的反應比較接近下列何者呢？附帶一提，你估計自己這一週的行程將會十分忙碌。

①說明這週工作很忙，委婉拒絕；

②先了解資料製作的難易度，再思考行程表；

③確認內容與交期，思考該如何回應；
④確認內容與交期，告知目前的工作狀況，確認優先順序；
⑤其他。

請從①～⑤中選擇最接近的答案。如果是選擇⑤的話，請具體寫下是什麼樣的反應。

你是上司，委託工作給部下時，部下的反應接近（　）。
你是部下，上司委託工作給你時，你的反應接近（　）。

能力強的人，都會用「工時」去思考工作

接下來，我會解說在這個案例中，如何才能在每天的工作中實現 Speed is Power。

在此例中，是以部下「總是看起來很忙」為前提。在這種情況下，部下典型

的反應是否都是①或②呢？說不定也有「因為這週很忙，所以連說明也省略就拒絕」的情況，與①是換湯不換藥；②的情況則是即使拒絕，最後還是得接受，因此必須加班來完成工作。

另一方面，回答③的人（依據內容與交期思考如何回應的類型），是相對來說做事較為井然有序的類型；回答④的人（會確認內容與交期，從目前工作的整體狀況重新安排優先順序的類型），應該可以說是生產力更高的類型吧。換句話說，相較於回答①或②的人，**回答③或④的人大多是屬於生產力高的類型**。

①②與③④有何差異呢？區別其中差異的關鍵字，就是「管理交期」與「管理工時」。**圖4**整理出「管理交期」與「管理工時」的差異。能不能理解這兩者的差異，是實現 Speed is Power 的必要條件。

所謂「交期」即**「截止日」**，就是必須在什麼時候之前執行那個任務才行的日期。在這次的個案分析中，就是必須在「星期五下午一點前」完成資料。

再來，「工時」則是**花費在任務上的「預估時間」**。在這次的個案分析中，就是「花四小時製作資料」。如果進一步想像實際的業務，還可以細分成「設計

圖 4　「管理交期」與「用交期與工時進行管理」

A. 管理交期

任務	交期
製作〇〇公司提案資料草稿	6/9
製作〇〇公司提案資料最終版本	6/16
製作與〇〇〇開會用的備忘錄	6/3
製作經營企劃會議提案草稿	6/5

B. 同時用交期與工時進行管理

任務	工時	交期
製作〇〇公司提案資料草稿	2 小時	6/9
製作〇〇公司提案資料最終版本	4 小時	6/16
製作與〇〇〇開會用的備忘錄	30 分鐘	6/3
製作經營企劃會議提案草稿	2 小時	6/5

一小時」、「搜集資料一小時」、「製作草稿一小時」、「檢查三十分鐘」以及「修改、完成三十分鐘」等等。

我把這樣的分解方式稱為「因式分解」。**「因式分解」是實現 Speed is Power 很有效的技巧**，後續會有更詳細的說明。

總而言之，「管理交期」與「管理工時」的差異，就是用「截止日」管理任務，或用「預估時間」管理任務的差異。各位又是用哪一種方式來進行工作管理的呢？

根據這一點，若按照交期來整理這次個案分析的回答，會得到**圖 5** 的結果。換句話說，①②的類

圖5 交期派與「交期＋工時」派，你是哪一派？

A. 交期派	B.「交期＋工時」派
①說明這週工作很忙，委婉拒絕。	③確認內容與交期，思考該如何回應。
②首先了解資料製作的難易度，再進一步思考行程表。	④確認內容與交期，告知目前的工作狀況，確認優先順序。

型是「只管理交期」的類型；至於③④的類型則是「管理交期」同時也「管理工時」的類型。

未實踐 Speed is Power 的低生產力者，大多都只有「管理交期」而已；相對的，**生產力高的人則是「同時用交期與工時進行管理」**。

你屬於何者呢？

在這個案例中，如果上司與部下是只管理「交期」的類型，他們在溝通時會上演什麼樣的戲碼呢？以下用「上」代表上司、「部」代表部下。

上：〇〇〇，我想要你在星期五下午一點之前完成這份資料，可以嗎？

部：沒辦法耶，我這週的工作已經排得很滿了。

上：你的確都很忙呢！

部：對啊，你也知道，我這週特別忙碌，所以沒辦法再接下更多工作了。

上：這樣啊。我知道你很忙，但這份資料只有你能做，所以一定得拜託你才行。

部：每次都這麼臨時交代，我沒辦法一直這樣配合。

上：我知道你的狀況，但還是得拜託你。星期五下午一點前完成就可以了，真的拜託你了。

部：既然你都這麼說了，那好吧，我只好暫停其他工作，先來處理這件事。

上司利用自己身為主管的立場，強硬地將工作交代給部下。部下前後說了三次「沒辦法」。這在現實的職場上或許是很常見的一幕。也有可能因為太常見了，所以已經感覺麻痺，認為「這是理所當然的事」。

不過像這樣委託或交代工作下去，部下只會覺得上司每次都硬塞工作下來。上司也會覺得明明是該做的工作，這個難搞的部下卻總是三番兩次拒絕。日後這些疙瘩還是會持續存在於彼此心裡，不難想像兩人的關係會越來越差。

那麼另一種管理「交期」與「工時」的上司與部下，又是如何溝通的呢？

上：〇〇〇，我希望你在星期五下午一點前完成這份資料，可以嗎？

部：我這週的工作排得很滿了，可以先讓我確認一下內容嗎？

上：真抱歉，這次的資料是〇〇的提案資料。

部：這樣啊，工時預計是四小時左右。

上：四小時的工時是從哪些程序計算出來的呢？

部：設計一小時、搜集資料一小時、製作草稿一小時、檢查三十分鐘，以及修改、完成三十分鐘。

上：原來如此。「設計」與「搜集資料」的部分已經完成了，所以我本來預估你只要花兩個小時「製作草稿」與「檢查」而已。我確認過你的行程，今天下午跟明天下午各有一小時的空檔，所以我希望你趁這段時間完成。

部：我了解了。這樣的話，我應該可以在不影響到其他工作的情況下完成。

怎麼樣呢？從兩人的對話可知，他們不僅從一開始就提到星期五下午一點的「交期」，還有製作資料所需的時間，也就是同時用「工時」進行管理。尤其，**用「工時」討論不僅可以確認行程的空檔，還能確實掌握到不會影響到其他工作的事實**。

如果從行程表上找不到預期的空檔，以此例來說就是兩個小時工時的話，又該怎麼辦呢？

解決的方法有兩個：一是重新檢視與其他工作的優先順序，調整出空檔即可；**另一個方法就是與其他人分擔工作**。

在這次製作草稿一小時、檢查三十分鐘，以及修改、完成三十分鐘的兩小時任務中，想想看如何與其他人共同分擔吧——哪個部分比較難委託給其他人呢？看起來應該是根據拿到的資料「製作草稿的任務」那一小時比較困難。因此，只有這個部分由部下負責，至於給上司檢查與修改、完成的部分則交給其他同仁，在此例中可以像這樣思考每個環節。

這樣各位是否理解了？無論選用哪一種方法，只要用工時這個「數字」進行管理，即可提高生產力。

好的，在預估工時的時候，有個很重要的關鍵字，就是**「把行李分解為能夠搬運的大小」**。接下來，我就來說明這個重要的思考法吧。

如何把行李分解為能夠輕鬆搬運的大小？

前文提到 Speed is Power，即提高生產力，重點是「用數字做記錄」，而且「不僅是交期而已，也要用工時進行管理」。在預估工時的時候，重要的關鍵字就是「把行李分解為能夠搬運的大小」。

明明是在講預估工時，卻出現「行李」二字，或許會有人感到納悶吧。這裡說的「行李」，只是一個用來比喻的例子而已。

每當被交派重大的「課題＝工作」時，往往會令人無所適從、不知道如何是好。這樣做也不對，那樣做也不對，到頭來什麼事也辦不成。

那麼究竟該如何是好呢？關鍵就是**拆解重大的「課題＝工作」，將之分成一**

小塊一小塊，然後逐一解決它們。也就是持續解決這些規模較小的工作，到最後就能解決掉原本規模較大的工作的思考法。我稱之為**「因式分解」**。

預估工時也是一樣的。在預估大件行李，也就是需要耗費長時間的工作時，很容易有較大的誤差；如果要預估時間的是自己沒有經驗的工作，更容易把時間估得很長。因此才需要分解為自己能夠預估的行李大小。

你可以把它想成是實際搬運大件行李的工作。因為體積太大，無法輕易移動，所以要**分解成自己或同仁能夠搬運的大小，分工合作進行搬運**。我把這樣的想像描述為「把行李分解為能夠搬運的大小」。

在我曾任職過的職場，有一位很擅長「因式分解」的領導者。他是推廣海外事業部門的負責人，極度擅長「把行李分解為能夠搬運的大小」。

他一天的工作時間大約是八小時。他會在那八小時內，**將優先順序高的工作安排妥當，不僅是自己份內的工作而已，連一起工作的同仁也不例外**。因此，他會配合同仁的技術或經驗，適當地變換「行李的大小」。

舉例來說，即使是同樣的任務，若交由資深的A來做可在一小時完成的工作，交給菜鳥B來做的話需要兩小時，而他可以憑著過去的經驗，加上手中持有的資料（預估工時與實際工時）來掌握這一點（※）。

他會一邊參考那些資料，一邊調整任務量。對於預估菜鳥B需要兩小時的任務，**他會進一步將之因式分解成兩個一小時的任務，或是再細分成四個三十分鐘的任務，才交派下去**。如此一來，菜鳥程度的B就能夠以三十分鐘或一小時為單位，確認工作的進度。對於B本人來說，也比較容易測量自己的速度。

我向這位領導者確認後得知，他很清楚地自知**「自己的核心競爭力是因式分解，也就是配合對方把課題分解為適當的大小」**。他憑藉著這項技能，帶領公司內部，乃至與海外合夥企業的合作等，在各類的重責大任中達到高度生產力。

（※）他使用 Jira 軟體（用於計畫、追蹤和管理專案的軟體）進行任務管理，因此可以輕易掌握「行李的大小」。

這種「因式分解」的技巧不僅適用於預估工時，也是實踐能夠活用在許多場合中 Speed is Power 的共通技巧。以下就來介紹其中的一個例子。

學會「因式分解」，人的行動力就會大幅提升

「如果要成為某個領域的高手，必須經過一萬個小時的錘鍊。」這句話出自麥爾坎·葛拉威爾（Malcolm Gladwell）的暢銷書《異數：超凡與平凡的界線在哪裡？》。

假如一天學習八小時，「一萬個小時」則需要耗費五年的時間。如果平均一天學習四小時，計算下來就需要十年的時間。古人有云：「在石頭上也要坐三年。」（意思是，即使是再冰冷的石頭，在上頭坐三年的話也會變暖）而一萬小時遠比三年還要長，不是所有人都能輕易投資下去。另一方面，最近透過ＩＴ或各種資源來熟習一項技能，所需的時間也縮短了。這樣一想就不免令人懷疑，是否真的需要耗費一萬個小時。

舉例來說，在我們小時候，學**騎腳踏車**對父母來說是一大工程。首先，要在腳踏車後輪兩側安裝輔助輪，讓腳踏車無論往哪一側傾斜都不會倒下來。等到孩

子稍微能踩著腳踏車前進以後，再拿掉其中一側的輔助輪。孩子會一邊踩踏板，一邊學習如何在快要摔倒時，調整姿勢傾向有輔助輪的那一側。等到這個動作也適應後，就來到最終階段──把另一側的輔助輪也拆掉。

然而，接下來輪到父母上場才是最辛苦的。父母要追在腳踏車旁邊，以便在孩子快要跌倒時扶上一把。持續練習幾天後，孩子會在某個瞬間學會自由操控腳踏車。那是相當令人感動的一刻，只是在那之前，孩子會摔倒好幾次，父母則必須以半蹲的姿勢追著腳踏車跑，非常折騰。即使是運動神經發達的孩子，大概也需要花上一週的時間適應吧。

然而，現在的父母卻不用這種方式教孩子騎腳踏車，而是**把騎腳踏車因式分解＝「取得腳踏車的平衡」×「踩著踏板前進」**。

首先是拿掉腳踏車的踏板，也就是改成像滑步車的形式，然後一邊用腳踢地面一邊保持平衡，訓練孩子按照自己的意志「前進」或「轉彎」。大約練習三十分鐘到一小時以後，孩子就能自由操控沒有踏板的腳踏車。他們會在這個階段學會從地上抬起腳來控制腳踏車的方式。

然後進入到下個階段，也就是安裝踏板、踩著踏板前進。由於已經能夠抬起腳來取得腳踏車的平衡，因此只需要短短三十分鐘到一小時，就能夠踩著踏板，自由地騎乘腳踏車，也不會像以前那樣跌倒擦傷腿。只不過是改變練習方式，就得以大幅縮短學習的時間。

這還不僅限於腳踏車而已，餐飲業也有像「拉麵大學」或「壽司學院」等培育機構，可以在數週到一個月內學會開餐飲店的技能知識。這同樣也是**把所需的技術因式分解，篩選出其中必要的關鍵，藉以在短期間內學會**。

如果按照以往的餐飲店訓練，至少需要一、兩年的時間從基層做起。這倒是無所謂，那種訓練方式或許時至今日依然很重要。不過若是以「基層」為前提，那麼在公司上班的人只能選擇辭職從基層做起，而且如果等到訓練開始以後，才發現自己沒有天分或才能的話，也為時已晚了。

然而，如果有數週就能學到一定程度的選項，那麼只要能請長假，就有機會姑且一試。**在下定決心選擇那條路之前，就有更多可以試著學習看看的選項**。

我們也可以把「以一流為目標」這件事，用因式分解來思考。請看**圖6**，假設「百萬分之一」的人是超一流，「千分之一」的人是一流好了。百萬分之一或千分之一都是遙不可及的數字。

舉例來說，大概就好比百萬分之一的米其林三星主廚，或千分之一的熱門餐廳掌廚老闆吧。但如果把這兩個數字做因式分解的話呢？

100**萬人**＝100×100×100

1000**人**＝10×10×10

換句話說，就是**找出三種「100人或10人之中選1人」的專業性**。如果是在100人中選1人或在10人中選1人的話，你不覺得只要努力一下，說不定就能辦到了嗎？

當然，要找到三種專業性也有一定的困難度，不過跟之前比起來，找到三種專業性的時間，應該遠少於達到「超一流」或「一流」所需的時間。

對於不曉得一萬小時法則，或不知道如何才能成為一流人才，而感到不知所

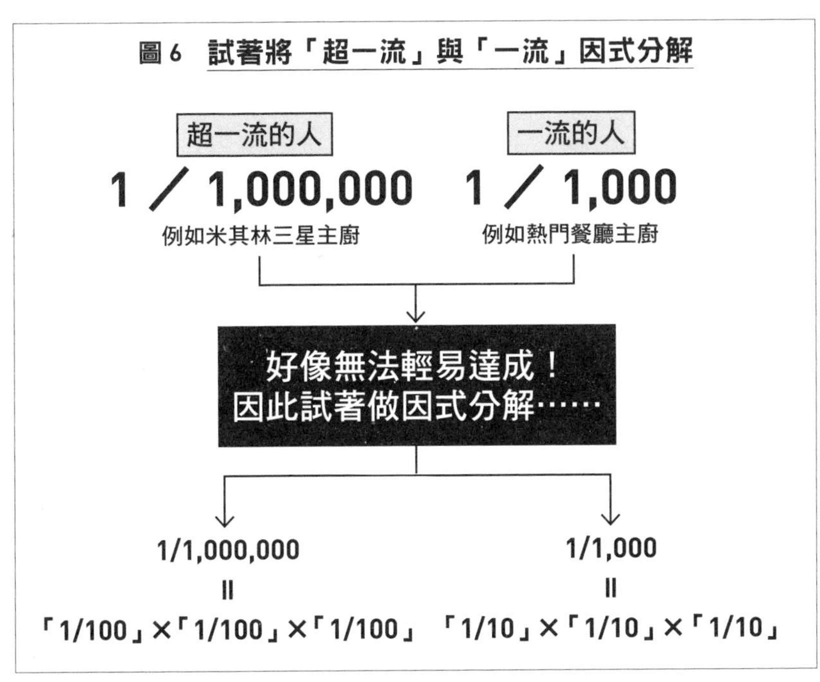

措的同仁，我會這麼說：「在一個領域中成為超一流是很厲害沒錯，但那僅限於少數人。換言之，我們能達成的可能性很低。不過如果因式分解成三個領域，應該就有很高的可能性成為個別領域的專家。」一聽完這句話以後，多數同仁都會感受到可能性而採取行動。

我把那一項一項的專業性稱為「標籤」。增加自己的標籤，就是未來成為一流人才的方法之一。各位能夠給自己增加多少標籤呢？

以下專欄介紹的方法，雖然稍微比不上十分之一，但也能幫你增加六分之一的「標籤」。

專欄

17%的自我加值法則

在此介紹一段讓我想到「增加標籤方法」的往事，我稱之為「17%的法則」。17%，也就是大約六分之一。

二〇〇〇年時，我曾在瑞可利旗下的「聘僱研究所」（リクルートワークス研究所）擔任一項以一萬三千人為調查對象的計畫負責人。如今該單位正在進行規模約五萬人的「就業實態模板調查」，就是以我所負責名為「職場人士調查」的雛形發展而來。當時，在我負責的調查中，有一個低至「17%」的數字，數值之低，讓我備感衝擊。

各位認為這個17%（也就是六分之一），代表的是什麼數值呢？答案就是過去一**個月內曾吸收過工作相關資訊**（包括閱讀書籍、參加講座、諮詢專家等等）**的人數比例**。

即便近期「就業實態模板調查」的提問方式有所不同，但該調查的報告仍顯示，有學習、進修習慣者的比例大約是30%左右。無論是哪個數據都顯示著，日本的職場工作者似乎不太會主動去學習。

附帶一提，如果把這17%的人與其餘83%的人相比，結果顯示，**在同年齡者之**

間，他們的職位與薪水都比較高；在同職位、同學歷者之間，主動學習者的薪水也會比較高。

只要定期吸收工作相關資訊，例如閱讀相關書籍，就有可能成為「六人中的第一人」，而且只要能夠躋身這個族群，薪水提高的可能性也很高。這是效果相當不錯的「標籤」。

這種投入或許不會立即見效，但長期下來，自然而然會產生效果。

自從得知這個數值以來，我便對此深信不疑，**並要求自己一年內要讀完一百本書**。一年一百本書感覺很多嗎？只不過，我把這個數字用前述的**因式分解，化為自己所能搬運的行李大小**。

一年一百本，一個月就是八到九本，換算成每週的話就是兩本。

首先，我「測定」了一下自己能不能做到。測定的對象有二，一是**書籍的平均頁數；二是我閱讀書籍的速度**。書籍的平均頁數大部分都是兩百到三百頁，而我知道我閱讀的速度大約是一頁一分鐘。假如一本書是兩百五十頁，就能推算出我閱讀一本書需要的時間是「250分鐘≒4小時」。根據這兩個數值，我可以知道自己一週閱讀兩本書，需要花上八小時（約五百分鐘）的時間。

我住在橫濱，通勤到東京要四十分鐘。於是我想，是不是可以利用這段時間？因為每週要去公司五天，往返就是十趟。那麼每週搭乘通勤電車的時間就是「40分鐘×10趟＝400分鐘」。這樣我就知道在閱讀所需的五百分鐘中，有四百分鐘可以用通勤時間來完成；其餘的一百分鐘大約接近兩小時。既然如此，我想這樣的分量，可以在週末兩天內充分消化。

完成這樣的「費米推定」（詳見55頁）以後，我開始每年閱讀一百本書籍，持續閱讀了二十年，加加減減也讀了超過兩千本書。這提升了我工作的基礎能力。然後也因此增加了**我＝持續大量閱讀的人＝提案可信度很高的「標籤」**。這個方法不只對我有效，對任何人都是投資報酬率很高的方法。我衷心推薦給各位，請試著從測定閱讀書籍的速度邁出第一步。

提升生產力

2 ROI思考法

案例

「在不增加人力的前提下，你能不能提高5%的營收呢？」

接下來，我們從另一個角度來做簡單的個案分析，看看該如何實現Speed is Power。關鍵字就是**「待辦事項的順序」**，這要從本書多次提及的ROI觀點來思考。

假設你是業務單位的企劃負責人，你的工作是構思業務單位的策略或戰術，並支援業務負責人去執行。某天，身為業務負責人的上司要求你說：

「五月份一如我們的計畫，三十五名業務人員達到一億五千萬圓的營收，平均每人實現的營收是三百萬圓。大部分的單位都已達成目標，我認為這是非常好的狀態。我希望你能夠提案，看看有沒有什麼方法可以維持這個業務人數，並提高5%的營收。」

圖7是各單位的五月份業績統計，你拿到的資料只有這麼一張簡單的表格。請問身為業務單位的企劃負責人，你會如何分析、如何提案呢？這就是本次個案分析的題目，你必須有能力迅速回覆上司的提問。

請問你會如何分析？又會如何提案呢？

用投資與回報的角度去思考你的工作

首先說明最重要的檢查點，那就是「這件事重要嗎」？換言之，就是**確認這件事對你或對公司來說，「是該做的工作嗎」**？

上司交代的任務是**「維持現有業務人數，讓營收提高5%」**。有些人可能會覺得，上司交派的工作全都是重要的，不過真的是這樣嗎？上司也是凡人，也有

圖 7　不同地區與商品的業務成績

單位：萬圓

	達成狀況	合計	商品 A	商品 B
首都圈	🚩	3,800	2,150	1,650
關西	🚩	1,680	1,140	540
東海		1,120	700	420
地方	🚩	3,900	2,850	1,050
合計	🚩	10,500	6,840	3,660

※「地方」指的是北海道、東北、北陸、甲信越、中國、四國、九州等地區

可能交派沒有意義的工作。

回首自己過往三十年的社會人生活，我也有一些類似的經驗。雖然後半段擔任經營者或管理階層超過十五年，但指派下屬不重要工作的經驗仍不在少數。此外，前半段的十五年，在我自己身為下屬時，也能回想起曾執行一些不重要工作的經驗。

所謂「不重要的工作」，簡單來說就是**ROI值低的工作**。如同27頁的**圖3**所述，ROI的分子R代表報酬（成果），分母I代表投資（時間或金錢）。ROI

值低，指的就是這個分數值小的意思。具體來說，也就是**分子Return較小的工作**；**或與分子R相較之下，分母Investment較大的工作**。

如果知道是ＲＯＩ值低的工作，亦即是不重要的工作的話，那該怎麼做才好呢？最佳作法就是向上司說明它沒有必要執行，直接省略掉這個工作。

不過，如果是即使提出說明，卻還是必須做（不講理）的情況下，就必須把投資的時間最小化，也就是讓ＲＯＩ的分母Ｉ變小，盡量讓ＲＯＩ愈大愈好。

或許有人會認為，即使被指派的工作重要性很低，也不可能開口阻止上司，那只是理想論而已。

不過，在銷售突破二十萬本的名著《議題思考》（イシューからはじめよ）中提到，**在一百個工作中，真正該做的只有一、兩個而已**。人生太短暫，不可能完成所有重要的工作。書中建議我們應該要篩選出「哪些才是該做的工作」。

我一直以為自己是會篩選工作的人，但我記得我讀完那本書以後，深刻反省自己實在還太天真了。請務必鼓起勇氣篩選工作。時間是有限的，沒有空浪費在無意義的工作上。

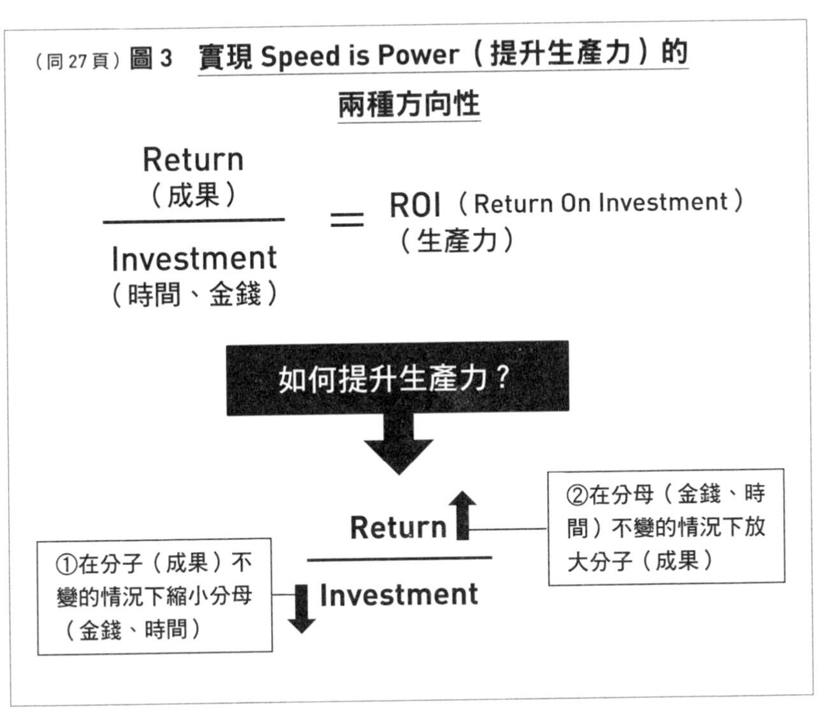

「首先，思考這個工作該不該做」，這個步驟是**實現 Speed is Power 的有效方法之一**。而要判斷這個工作「重不重要」，其中一個有效的技巧就是運用**「費米推定」**思考法。

試著用「費米推定」計算全國的電線桿數量吧！

最近很多顧問業在面試時都會提到跟「費米推定」有關的問題，因此或許有很多人對它並不陌生。

所謂的費米推定，就是在短

時間內回答**「琵琶湖有多少滴水？」**、**「溫布頓中央球場的草地有幾根草？」**或是**「若要用卡車移動富士山，需要幾輛兩噸重的卡車？」**等問題，它是一種可以在短時間內回答各種看似荒誕問題的方法論，名稱取自它的實踐者——恩里科·費米（Enrico Fermi）。

接下來，我們就來實際練習一個需要使用費米推定的個案分析吧。請先把紙筆準備好。

題目是：**思考全日本的電線桿數量**，計時五分鐘。計算時只需要用到四則運算。當然，不能使用網路搜尋。

答案的一例整理在**圖8**中。我之所以寫「一例」，是因為這個問題有好幾種不同的思考方式。此處介紹的方法，是從**「在一定面積內，平均有幾根電線桿」**的角度來思考。

在步驟一中，先推測出日本的面積；在步驟二中，由於可以推測電線桿數量在日本國土上並不是固定的密度（多少公尺一根），因此將日本劃分成數個群組；在步驟三中，進一步推測出每個群組的電線桿密度；在步驟四中，整合步驟二與步驟三的計算結果，推算出全日本的電線桿數量。

相信看到這裡的讀者都已經明白，像這樣**將流程「因式分解」是很重要的**，而不是一股腦地開始計算。以下我們就來詳細檢視每個步驟吧。

步驟一：**先推測出日本的面積**。如果你曾上過地理課，知道日本的面積是三十八萬平方公里的話，當然也可以直接使用這個數字，不過應該也有很多人不知道吧。

要怎麼推測日本的面積呢？假設日本的形狀是長方形好了，雖然這感覺有點太隨便，但由於是要掌握大致的面積，所以最好是採用容易計算的形狀。

計算長方形的面積，需要長邊與短邊的長度。首先，我們來推測這兩個邊的長度。比較長的一邊是從九州到北海道的長度。舉例來說，假如你知道**東京到大阪之間的距離大約是五百公里**的資訊好了，那麼即可推測整個日本的長度大約是四倍，也就是500公里×4＝2000公里左右；另一邊的長度也是，它看起來比東京到大阪之間的五百公里要短，因此可以推測大約是兩百公里左右。在推測出兩個邊長之後，就可以計算出日本概略的面積，即長邊2000公里×短邊200公里＝40萬平方公里。

步驟二：**推測每單位面積的電線桿數量**。我們應該可以想像得到，每單位的電線桿數量，在人口密集的「都市區」與其他地區（地方）是不同的。**因此，我們要將全日本劃分成「都市」與首都圈以外的「地方」兩個群組**。

日本的都市區主要可以想到的，應該有縣政府所在地與大都市。如此一來，即可推測都市區與地方的比率約為20：80。前面已經推算出全日本的面積是四十萬平方公里，因此分別乘以20％與80％的話，即可推算出都市區的面積是40萬平方公里×20％＝8萬平方公里；地方的面積則是40萬平方公里×80％＝32萬平方公里。

步驟三：**推測多長的距離會有一根電線桿**。例如，假設都市區大約是每五十公尺就有一根，地方是每兩百公尺就有一根好了。若以此為前提計算，那麼都市區每一公里就有二十根，地方每一公里就有五根電線桿。換句話說，我們可以計算出平均每平方公里，都市區有20×20＝400根，地方有5×5＝25根電線桿。

步驟四：**推算出答案（全日本的電線桿數量）**。步驟二中推算出都市與地方的

圖8　用費米推定計算全日本的電線桿數量（一例）

1　推測出日本的面積

- 假設日本是長方形
- 已知東京到大阪之間的距離大約是500公里
- 長邊約為4倍＝2,000公里
- 短邊略少於一半＝200公里
- 面積約為40萬平方公里

2　將日本劃分成都市與首都圈以外的區域

- **都市** 約20%＝40萬平方公里×20%＝8萬平方公里
- **地方** 約80%＝40萬平方公里×80%＝32萬平方公里

3　推測出各群組的電線桿密度

- **都市** 每50公尺1根電線桿＝400根／平方公里
- **地方** 每200公尺1根電線桿＝25根／平方公里

4　根據2與3的結果推算全日本的電線桿數量

- **都市** 400×8萬＝3200萬根
- **地方** 25×32萬＝800萬根

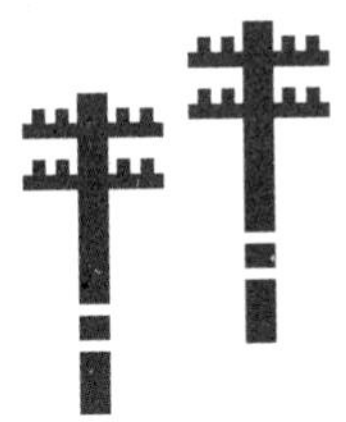

合計：4,000萬根

面積，分別是八萬平方公里與三十二萬平方公里；步驟三中推算出都市與地方每一平方公里的電線桿數量分別是四百根與二十五根。如此一來，即可計算出：

都市的電線桿數量：400根／平方公里×8萬平方公里＝3200萬根

地方的電線桿數量：25根／平方公里×32萬平方公里＝800萬根

合計起來，即可掌握全日本的電線桿數量約為四千萬根。

在費米推定中，**建議從多組回答情境中找到最適合的方法**，而不是單純找到答案而已。前述的方法，是用費米推定來計算一定面積的平均電線桿數量。除此之外，還有很多種推測的方法。

事實上，在我負責的「數字解讀與思考法」講座上，聽講者也找到許多推測電線桿數量的方法。比方說，電線桿是用來輸送電力給家庭或企業的，於是有人就假設可以從企業數與家庭數來進行費米推定；有人假設電線桿大部分都沿著道路而設，因此從道路的長度來進行費米推定；有人假設電線桿與人口的相關性來進行費米推定等等。

與其說是判斷何者為最適解，費米推定更像是**一種思考多組情境，並在短時間內從中找到準確度高又可以簡單計算的遊戲**。

我再問一次：請問你被指派的任務，ROI的Return大約是多少呢？或是執行時大約需要多少的Invest呢？試著用費米推定來回答看看。如此一來，你將清楚知道那個任務的優先順序。**ROI高的話，就必須優先執行它；**ROI低的話，最好向上司提議不要執行比較好。如果無論如何都必須要做的話，只要把花費的時間或成本最小化即可。

專欄

運用「費米推定」瞬間做出決策的實例

這是一件距今約二十年前，在我任職於瑞可利時期，赴任廣告製作子公司期間發生的事。我在與當時的上司對話中，體驗到「**費米推定很厲害**」的事實。

這家子公司招募了很多工讀生。同時，其他部門因為工作減少而必須辭退工讀生的情況也不少。這表示某個部門一邊在招募工讀生，另一個部門卻同時在辭退工讀生。若從公司的角度來思考，感覺是缺乏效率的一件事。

我因為隸屬於這家子公司總部組織的一員，因此注意到了這個事實，但第一線人員因為只知道自己組織內部的事，所以並沒有發現。

我想了一下，自己能否做些什麼來改善這樣的無效率性？我的結論是，**只要讓某部門辭退的工讀生，調到需要招募新人的部門即可**。

如果能做到這一點，我想對公司與工讀生都是有益處的。對於公司來說，可以削減雇用成本與導入及教育成本；工讀生也可以繼續工作，同時減少重新認識公司的時間。

只不過，稍微想一下就知道：不同的職務類別，工讀生必須具備的技能也不同。此外，在多數情況下，某部門需要工讀生的時間點，與其他部門辭退工讀生的時間點並不一致。換句話說，還有職務類別與時間點必須配合的課題要解決。

不過即使如此，由於公司大量雇用工讀生，因此考量到雇用成本或教育成本，還是有相當多被浪費掉的成本，這是我用費米推定得出的結論。

因此，我向當時的上司，也就是子公司的總經理提案，提案內容如下：將在職工讀生的技能、經驗、到職日或預計退職日登錄在資料庫中，由全公司共享。各部門需要招募新的工讀生時，就從資料庫中確認，只有找不到條件符合的人選時，才會進一步招募新的工讀生。如此一來，即可削減雇用成本與教育成本。

事實上，我用費米推定估算出來，這樣一年可以省下數百萬圓的成本。因此我自信滿滿地向上司提案。

對於這個提案，我的上司回覆如下：

「謝謝，你的提案很好。這個方法確實能夠解決這個問題。事實上，如果以去年的資料來說，這可以削減數百萬圓的成本，但其實**新建的資料庫，要耗費比想像**

中更多的成本、勞力來經營與維護，尤其工讀生的資料更新，每月至少需要一人份以上的成本（他當場就用費米推定估算出來），這樣一年下來會花費數百萬圓。尤其輸入在職工讀生資訊的部門，與能夠根據那份資料削減雇用成本的部門是不同的，因此**大家也不會有輸入這項資訊的動力**——結果就會創造出新的成本，這次預估的經濟成果全都無法得到。

不僅是這次的案例而已，大多時候每解決一個問題，就會產生新的問題。以這次的案例來說，產生的問題就是會花費比想像中更多的資料經營與維護成本，所以我們先放著不管吧。」

對於我的提案，他在短短幾分鐘內就用費米推定回答我說：「不執行。」他還建議說：**「如果解決問題，就會產生新的問題。那麼就必須連解決那個問題的成本也一併考慮進去才行。」**這件事讓我深刻感受到費米推定的力量。

提升5%的營收，能貢獻〇〇%的利益呢？

好的，我們再回到本節一開始提到的案例。題目是「能不能在不增加業務人數的情況下，提高5%的營收？」由於單月營收是一億零五百萬元，因此提升5%的營收大約就是五百萬圓。這五百萬圓會是什麼樣的Return（成果）呢？

舉例來說，我們可以像這樣思考：營收部分提升5%，**對利益會有多大程度的貢獻**？用費米推定來大略估算一下吧。

比方說，假設這次的商品成本率是30%，銷售管理費率是60%，所以營業利益率就會是100%－30%－60%，等於10%。如果把這項資訊套用在這個業務單位的話，由於營收大約是一億圓，因此就能計算出現在的**營業利益是1億圓×10%＝1000萬圓**。

在這次施行的計畫中，由於前提是「不增加業務人數」，因此雖然有點便宜行事或過於極端，但或許可以把銷售管理費視為不會變動的費用。換言之，如果有什麼計畫順利執行並提升五百萬圓營收的話，由於成本率是30%，因此會花費的成本就是500萬圓×30%＝150萬圓。但若假設沒有銷售管理費的話，營業利益就會增加500－150＝350萬圓。也就是說，由於現在的營業利益是一千萬圓，因此如果在這次計畫中增加為1000萬圓＋350萬圓＝1350萬圓的話，**即可推定利益會增加35%（{1,350÷1,000}－100%）**。

銷售管理費完全不增加，這樣的假設實在是太便宜行事，因此我們也來計算看看，如果會增加銷售管理費率60%的一半，即增加30%的話，結果會怎麼樣。

若營收增加五百萬圓，那麼成本的部分就跟剛才的前提一樣，會花費500萬圓×30%＝150萬圓的成本。另一方面，由於銷管費假設只占營收的30%，因此銷管費會增加500萬圓×30%＝150萬圓。最後營業利益就會增加500－150－150＝200萬圓。

換句話說，如果現在的營業利益一千萬圓增加為「1000萬圓＋200萬圓＝1200萬圓」的話，**即可推定營業利益會增加20%（{1,200÷1,000}－100%）**。

由費米推定可知，這一次**靠當前業務人力提升5%營收≒500萬圓營收的計畫，如果成功的話，有可能使利益大幅提升20%到35%的程度**。這樣的話，我們應該可以判斷這次的計畫是很重要的。

唯有一點要先確認的，就是ROI的I（時間或金錢）。即使分子R再大，但若花在討論、執行上的時間或金錢太過龐大的話，一切就毫無意義；反之，**假如計畫對策的時間很少，那麼成果愈豐碩，ROI也就愈大**。請別忘了也要從這個角度進行確認。

如何避免客戶數重複與遺漏的問題？

我在前文提到，將工作「因式分解」成人能搬運的行李大小很重要。這裡再試著將ROI分子（Return）的營收做因式分解，找找看擴大營收的要點吧。這樣一來，也會更容易湧現具體的對策方案。我們先來看看有哪些檢查點。

首先，我們先確認對營收做因式分解時，有哪些基本的要點。請看**圖9**，這裡可以表現為**營收＝單價（Price）×數量（Quantity）**，也就是將之分解為兩個項目。

在處理這裡的「數量」時，有一個重點必須注意，那就是這個數量是「個數」情況下，與是「顧客數」情況下的差異。只要用以下的「問題」來思考，即可明確知道「個數」與「顧客數」的差異。

有一家公司販售A商品。

問題① 假如A商品四月份賣出十個、五月份賣出十個、六月份買出二十個，請問在四月到六月這一季，**銷售個數**是多少個？

正確答案是，四到六月的銷售個數＝10個＋10個＋20個＝40個。很簡單吧。

問題② 假如與我們交易同樣A商品的客戶（公司）數，四月為十家、五月十家、六月二十家的話，請問在四月到六月這一季，**交易顧客數**共有多少家？

圖9　因式分解得越細，越容易想像具體對策

營收＝單價（Price）×數量（Quantity）

＝新客營收＋舊客營收

＝新客單價 × 新客數量
　＋舊客單價 × 舊客數量

＝新客單價 × 新客推銷量 × 轉換率（CVR）
　＋舊客單價 × 舊客推銷量 × 轉換率（CVR）

※CVR（Conversion Rate：在向其推銷的顧客中，實際購入的比率）

請問，答案會與問題①一樣，四到六月的交易家數＝10家＋10家＋20家＝40家嗎？

單純加總交易家數的「總計家數」是四十家。

不過按照A商品的特性不同，有可能A商品是**顧客會重複購入性質的商品**。具體而言，就是某家公司在四月購入A商品後，次月再度購入的情形。如此一來，這家客戶（公司）在四月被計算為一家，五月又被計算為一家，因此在計算實際交易家數時，有可能四月與五月重複計算到同一家公司。這樣一想即可知道，問題②的正確答案在目前的條件下是無法回答的。

因此，**我們試著用最多到最少的交易家數範圍，來回答看看問題②的交易家數吧**。交易家數最多的情況下，會是多少家呢？那就是四月的十家、五月的十家及六月的二十家完全沒有重複的情況。單純加總三個月，總共就是四十家。

那麼反過來看，最少的家數又是幾家呢？由於六月有二十家交易，因此不可能小於這個數字。交易家數最少的情況，就是在這二十家企業中，有十家分別在四月與五月購買A商品。因此，交易家數最少的情況就是二十家。換言之，從現在的資訊來回答問題②的話，答案就是「二十家以上，四十家以下」。

在思考營業策略與戰術之際，當前的交易家數是二十家或四十家，有很大的差異。舉例來說，試想如果要計算平均一家的交易額好了，**平均一家的交易額＝「營收÷交易家數」，因此交易家數是二十家或四十家，數值將有兩倍的差異**。

在思考營業戰術之際也是，當前有二十家的客戶基礎，與兩倍的四十家客戶基礎，前提是不同的。

也就是說，在計算像問題①那樣銷售出去的商品個數時，只要單純加總即可，但在計算顧客數時，請記得務必加以確認。

至於為什麼要特地強調這一點，是因為**我希望各位不要被EXCEL那種試算表軟體的特徵給矇騙了**。使用試算表軟體單純合計數值的話，即使是顧客數，也會像商品個數一樣單純加總。請各位記住，這個動作在某些情況下，有可能在之後的程序中造成問題。

在進行因式分解時，要注意顧客數的計算，而理解這項前提以後，「任何事物都能使用因式分解」，能將之分解為人所能搬運的行李大小。其中又以數字特別容易進行因式分解。

就如同69頁的**圖9**所示，營收＝「單價（Price）×數量（Quantity）」＝「新客營收＋舊客營收」＝「新客單價×新客數量」＋「舊客單價×舊客數量」。分解得愈細，行李的體積愈小，是不是就更容易想像到具體的對策計畫了呢？

專欄

能做出成果的人，都是從「後面」開始思考

在53頁圖7中所舉的個案分析，是一個學習「數字」相關重要概念的好例子。例如，除了可以了解「**自己本身面對數字屬於哪種類型**」之外，還能知道「**處理數字時該注意的事**」，也能學習到「**Speed is Power**」的典型流程。

通常在我出示圖7的表格，並拋出「請各位提案，有什麼方法可以提升5%營收」的問題時，過往的聽講者可以分成以下四種類型：

A「立即開始分析的類型」；
B「先思考資料是否正確的類型」；
C「思考情境（假說）的類型」；
D「手足無措的類型」。

請問你比較接近哪種類型呢？

認為自己對數字比較擅長的人，很多都屬於A「立即開始分析的類型」。一看到表格或數值，就會不假思索地開始計算。因為立刻展開行動，所以感覺很有效率，彷彿親身示範了什麼叫Speed is Power。這樣一想，好像沒什麼太大的問題。不過真的沒有問題嗎？與另外B、C兩種類型相較之下，A這種「立即開始分析的類型」，會逐漸浮現問題點。

比方說，B是「先思考資料是否正確的類型」。B類型的人會第一時間確認手上拿到的資料是否正確。

以下列舉幾個B會具體確認的事項好了。

數字的位數合理嗎？在這次的資料中，各單位的每月平均營收是一千一百二十萬圓到三千九百萬圓，請問位數正確嗎？瑞可利的情況或許是特殊案例，但我們常用億圓或萬圓作為金額單位，不過一般會在千圓與百萬圓的位置加上逗號。過去也曾有從其他公司轉職過來的人，因為混淆而標錯位數的情況發生。

這次各個業務單位的每月營收單位達到千萬，請問與實際的位數相同嗎？這一點必須先確認過正確性再進行分析才行。

還有一件事與這次的個案分析沒有直接關聯，就是使用日本的平均年收入資料來分析時，如果拿到的年收入資料單位是「千萬圓單位」或「十萬圓單位」的資料，那很有可能是錯誤的資料。附帶一提，日本的平均年收入是四百二十二萬圓（二〇一六年），大概接近四百萬圓。對於這類數值有基本認知的話，在檢查手中資料是否正確時也會有所幫助。

平均年收入是四百二十二萬圓的話，換算成月收入大約是三十萬圓到四十萬圓的水準。然而，假如拿到的資料是每月一百萬圓以上或十幾萬圓的數值，那麼即可推測資料本身可能有誤，或者是資料有特定的取向。

或者，構成比或市占率的數值是否存在矛盾之處呢？

出處是可靠的嗎？

除了這些之外，也可以從自身的經驗或知識來思考，先確認有沒有異樣的數值。像這樣簡單的事前確認是非常重要的。

B類型的人清楚知道，分析不正確的資料是多麼無濟於事。當資料不正確時，那些分析時間全都浪費掉了。更別說如果用分析的結果做出任何判斷的話，也有可能造成嚴重的錯誤。

因此，我在「數字解讀與思考法」的講座上，都會開門見山地**建議大家養成拿到資料以後，先確認那份資料是否正確的習慣**。

「先確認資料的正確性」非常重要，卻有很多人沒做到。請務必趁這個機會，養成確認資料是否正確的習慣。

好的，我們已經像B類型的人一樣，確認過資料的正確性了，那麼下一步又該怎麼做呢？答案就在C**「思考情境（假說）的類型」**當中。

C類型不會像A「立即開始分析的類型」那樣一股腦地投入作業中，而是會**先建立分析的情境，再開始進行作業**。

所謂的「情境」就是假說，亦即現階段看似正確的答案。即使錯誤也沒關係，因為可以對其進行驗證或反證（驗證假說是錯誤的）。

我在從事任何工作之際，**都會幻想「最棒的未來」來建立假說**。每當想到最佳情境（假說）就會興奮不已。我認為能不能夠想像到這個情境（假說），會大幅影響大部分的工作成果。

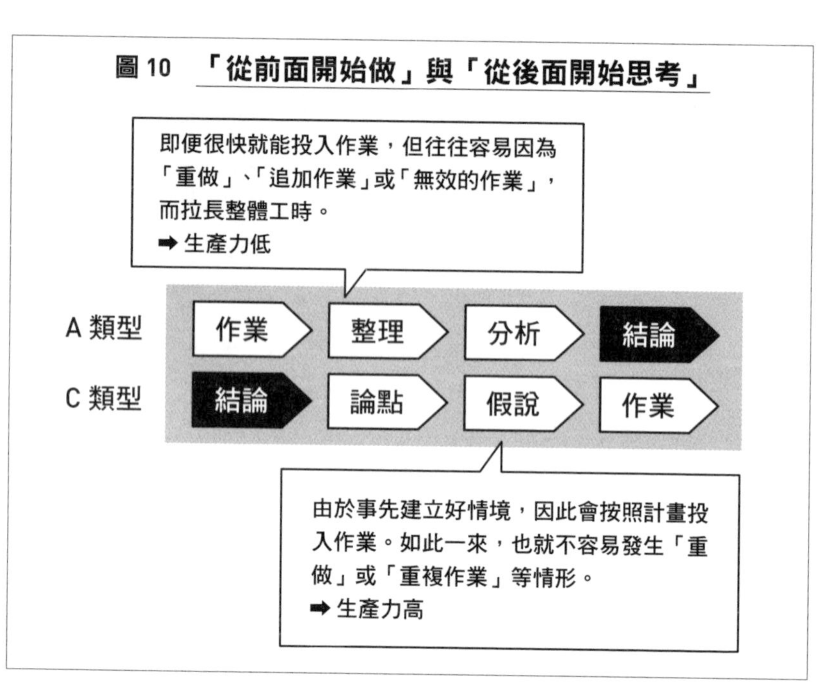
圖 10 「從前面開始做」與「從後面開始思考」
即便很快就能投入作業，但往往容易因為「重做」、「追加作業」或「無效的作業」，而拉長整體工時。
➡ 生產力低
A 類型
作業
整理
分析
結論
C 類型
結論
論點
假說
作業
由於事先建立好情境，因此會按照計畫投入作業。如此一來，也就不容易發生「重做」或「重複作業」等情形。
➡ 生產力高

圖10比較的是A類型與C類型的作業流程。我把A類型這種立即投入作業的類型，稱作「從前面開始做」的類型；而像C這種先想像最終成果，並建立情境後才投入作業的，稱作「**從後面開始思考**」的類型。

比較這兩種類型的話，A類型雖然很快就投入作業，但往往面臨「重做」、「追加作業」，以及「無效的作業」等情況，因此容易拉長整體工時（花費的時間），結果將導致生產力降低。

反觀C類型，由於事先建立好情境，因此會配合情境有計畫性地投入作業，結果也就不容易發生重做或重複作業等情形。

如果是用類似圖7這種簡單的表格來分析，A類型與C類型者的分析差異很小，應該不至於造成太大的問題，不過如果是需要分析稍微複雜的資料，兩者的差異就會立即顯現出來。

關於「從前面開始做」與「從後面開始思考」，想了解更多的人請參考我的這篇文章：https://www.businessinsider.jp/post-108611

至於屬於最後的D「手足無措的類型」的人，請繼續閱讀本書。然後請務必養成B「先確認資料是否正確」，再C「思考情境（假說）」的習慣。只要意識到這兩件事，工作成果就會有所提升。關於情境（假說）的建立方法，我將從次頁開始詳細說明。

3 假說思考法

加入比較的對象之後，就能找出問題癥結點所在

理解了處理數字的前提，也就是「因式分解」與「用費米推定確認工作的ROI」以後，接下來就要「建立情境（假說）」。所謂的情境，就是思考如何進行分析並得出某種結論的流程。

在思考情境之際能夠提供我們靈感的要素，也就是「**比較**」。為此，我們要尋找比較的對象。

那麼，我們再次以「必須維持目前的業務人數，讓營收提高5％」的案例（**圖7**）為題材，想想看該如何進行比較吧。

圖 11　建立多組假說，從各種觀點進行比較

假說 A

由於這次的案例是業務單位間的案例，假如問題被發覺時，對策多為按照各個業務團隊去採行不同的因應措施，因此試著將它放在第一個進行比較。

①組織間的比較
⇒團隊間（首都圈、關西、東海、地方）是否存在差異？

假說 B

假如業務團隊之間存在差異，是不是商品或企劃的推銷難易度不同，而構成這個原因呢？

②商品間的比較
⇒商品間是否存在差異？

③企劃間的比較
⇒基本企劃與客製化企劃是否存在差異？

假說 C

推銷難易度是否不僅起因於商品本身，也同時受到業務資歷（例如經驗年數）等複合因素所影響呢？

④業務資歷的比較
⇒經驗年數是否存在差異？

需要針對特定的業務人員，舉辦特定商品（企劃）的研習會

首先，請準備好一張紙，然後由上而下或由左而右寫下要比較的東西。可以想到什麼就依序寫下來，但如果能先設定好幾個主軸（類別）再開始填寫，即可避免遺漏或重複，例如**「公司內部」**、**「公司外部或市場」**、**「時間」**等皆可設定為主軸。

進一步細分的話，「公司內部」可以想到的，例如比較相似的單位、比較業務員的年齡或層級、比較各個地區、比較商品或服務等等；「公司外部或市場」的部分，可以比較市場的變化、比較同業；至於「時間」的話，可以與前一年度的業績做比較、與「每月」或「每週」的營收做比較等等。**想出多種比較的主軸，將有助於建立更好的情境**。

圖11彙總了比較表的範例。

可以想到的包括①組織間的比較（首都圈、關西、東海、地方）、②商品間的比較（A商品、B商品）、③商品企劃的比較（基本企劃、客製化企劃）、④業務資歷的比較（資深、新手）。此外，還有⑤年增率或⑥市占率的變化（今年五月、去年五月）等等。如果有⑤的資料，就能確認業績是否逐年成長；如果有⑥的資料，就有可能與同業做比較。以下我們就來分析最容易取得資料的①～④吧。

想像「最終的行動」

在進入具體的作業之前，請先想像「最終的行動」。所謂最終的行動，在此次案例中，就是針對業務單位五月份的業績資料進行分析與考察，並**提出具體對**

（同53頁）

圖7 不同地區與商品的業務成績

單位：萬圓

	達成狀況	合計	商品A	商品B
首都圈	🚩	3,800	2,150	1,650
關西	🚩	1,680	1,140	540
東海		1,120	700	420
地方	🚩	3,900	2,850	1,050
合計	🚩	10,500	6,840	3,660

※「地方」指的是北海道、東北、北陸、甲信越、中國、四國、九州等地區

策來實現「在相同業務人數下提升5%營收」，也就是上司給予的題目。

因此，我們來稍微檢視一下資料吧。這裡再次放上53頁的**圖7**。從中可以得知哪些訊息呢？比方說，表格中可以看到各單位的名字旁邊有🚩的標誌，這在瑞可利代表達成目標的意思。換句話說，除了東海地區之外，所有單位都達成目標了。前文提過，上司也對這個結果感到滿意。從這一點來想像的話，**「全體業務單位」要完成課題，也就是提升5%營收，有這個「成長空間」的可能性或許很低。**到這

裡為止還很容易想像。

其中假使有課題＝「成長空間」，也是**「部分」**而非**「全體」**。例如，特定的業務負責群×特定的商品群有課題＝「成長空間」（比方說主打商品群賣得不太好）的情形。

如果真是如此的話，該採取什麼樣的措施，才能期待營收有所成長呢？稍微有點業務經驗的人或許會想到，**「針對特定的業務負責群×特定的商品群舉辦研習會，提高業務力的水平」**。

接下來，請試著想像一下，該如何舉辦研習會吧。必須掌握的具體資訊包括：要由「誰」來教「誰」哪些「內容」？

研習會的聽講者，也就是所謂的特定業務負責群，是哪個地區的哪些人？

所謂特定的商品群，是哪個商品的哪種企劃？

這些組合的講師，由誰來擔任比較合適？

只要能夠掌握這些資訊，就能詳細設計研習會的內容。

把這樣的情境當作前提來思考，就能更容易想像：①業務單位間的比較（首都圈、關西、東海、地方）、②商品間的比較（A商品、B商品）、③商品企劃的比較（基本企劃、客製化企劃）、④業務資歷的比較（資深、新手）等這四種比較作業的順序。

這樣一來，好像就能完成基本的情境了。首先要進行①業務單位間的比較（首都圈、關西、東海、地方）。這是因為假如最終決定採取「研習會」的對策，那麼**如果能夠按照地區別來舉辦研習會，相信會是比較有效率的**。因此，第一步要先鎖定哪個地區正面臨課題。

其次是進行②商品間的比較（A商品、B商品），過濾出A與B哪個商品是有問題的。這也如前文所述，因為假如舉辦研習會來提升業務力的話，**對於要找A商品還是B商品的企劃負責人來當研習會的講師，也會更有眉目**。

再來，**如果能透過③商品企劃的比較，來找出哪個商品有問題的話，即可知**

道該強化哪個部分的業務知識技能。在這次的案例中，又可分類為基本企劃與客製化企劃。因為基本企劃部分的業績好不好、基本企劃加上客製化企劃後的業績好不好，都會影響到所要採取的對策。如果是關於基本企劃的課題，就有可能會是商品整體的課題。換句話說，此時不僅是業務單位而已，連商品企劃也得納入課題解決的範圍裡。

另一方面，假如是基本企劃業績很好，但客製化企劃的業績卻很差的情況，又該怎麼辦呢？當然，在這個情況下，由於顧客對於基本企劃已經充分感到滿意，因此也有可能是「客製化企劃缺乏魅力」這類商品部分的問題；另一種可能的情況是，業務單位缺乏附加客製化企劃上去的追加銷售（販賣等級更高的產品或服務）能力。換言之，任何一種情況都是有可能的。此外，也有可能是商品與業務雙方都有問題。

最後，是透過**④業務資歷的比較（資深、新手）進行分析，以找出其中是不是有可能存在什麼問題**。此處是將業務員分類為資深（在公司的業務資歷較長）與新手（在公司的業務資歷較短），以這兩者進行比較。如果兩者的業績沒有太大差異，即可知道問題是出在商品上。如果兩者的業績有差異，而且是新手賣得不好的話，則可推測**客製化企劃的推銷需要一定程度的技能知識，可能可以針對新手舉辦研習會來提升能力**；反之，如果是資深業務員賣得不好的情況，也可推測**資深業務員對於客製化企劃可能有認知上的問題**等等。

也就是說，只要按照①業務單位→②商品→③商品企劃→④業務資歷的順序進行比較分析，即可找出課題＝「成長空間」所在。

由於這次的案例是在業務單位內，因此順序為①→②→③→④。假如這是在商品企劃部門內的分析，則以②商品→③商品企劃→①業務單位→④業務資歷的分析順序較為適當，這是因為**最好是以自己組織內比較容易控制最終對策的部分為優先**。如果是在商品企劃部門內，要改善商品或商品企劃的某個部分是有可能的，因此分析的順序也要從與商品相關的部分開始思考。

當然，如果商品部分沒有太大問題，那就是特定業務管道的問題，因此就要在後半段針對業務單位進行分析。

如何搜集分析個案所需的資料？

好的，這樣就建立好分析所需的情境了。不過還不能馬上進入作業，而是要思考分析所需的資料有哪些，又要如何搜集那些資料？

在這次的案例中，需要將業務員按照資歷等條件分類為資深與新手，但在實際的工作場域中，或許沒有可以嚴格區分資深與新手的定義。在這種情況下，只要取得業務資歷的資料，並按照他們負責業務工作的期間長短，依序排列製成表格即可。或者，以業務員的人數或營收數字的一半為基準，以其上下來分類資深與新手也是一種方法。

然而，我們也可以預想到另一種情況，就是難以取得業務資歷的資料時。例如到職或變更職位的資料掌握在人資手裡，第一線人員並不能夠共享資料的情形。事實上，儘管最近愈來愈強調「人資科技」（HR technology），但第一線人員未能分析所需資料的公司，似乎也不在少數。

圖 12　搜集業務人員資歷等所需的資料

平均	人數	平均營收	A 商品平均	B 商品平均
首都圈	10	380	215	165
關西	6	280	190	90
東海	4	280	175	105
地方	15	260	190	70
全國	35	300	195	105

＼ 這個順序是重點 ／

STEP1
假說
STEP2
搜集資料

			平均每位業務員					
		人數	A 商品合計	基本企劃	客製化企劃	B 商品合計	基本企劃	客製化企劃
首都圈	資深	5	260	160	100	200	150	50
	新手	5	170	120	50	130	100	30
關西	資深	2	230	150	80	150	100	50
	新手	4	170	120	50	60	50	10
東海	資深	2	200	120	80	140	100	40
	新手	2	150	100	50	70	60	10
地方	資深	5	230	150	80	110	80	30
	新手	10	170	120	50	50	40	10

在這種情況下，可行的「替代」方案就是**按照業務人員的營收多寡來排序，並以累計營收的一半來分成兩組**。這其實並不是在區分資深與新手，只是暫且把業績好的業務員分類為「資深」而已。實際上是從第一名開始排序，分類成資深與新手，並讓兩組的合計營

收大致相等。

無論是採取哪種分類，如果用來比較的兩個團體、人數或營收差異過大，就沒有分析的意義。這次我們就採取**圖12**的方法，以營收為基礎將業務人員分成兩組，繼續進行討論吧。

說明得愈淺顯易懂，上司就愈容易抓到重點

這裡我要教你活用將圖表呈現給上司看時的一些巧思。如果你的上司是數字概念很強、光看原始資料就能理解意涵的人，那麼這個部分對你來說就不是那麼必要。不過這種人畢竟是少數，因此了解如何製作簡單易懂的圖表、藉此跟上司說明，這一點還是很重要的。

請看**圖13**，這張圖表是①業務單位間的比較圖，它顯示了不同業務團隊每個人的平均營收（用「平均」來檢視數值，雖然適合用來掌握整體的概況，但實際上也有不適用的時候。關於這個部分我會在103頁的〈平均與分散〉中進一步討論，請逕行參考。

圖 13　強調欲傳達訊息的圖表

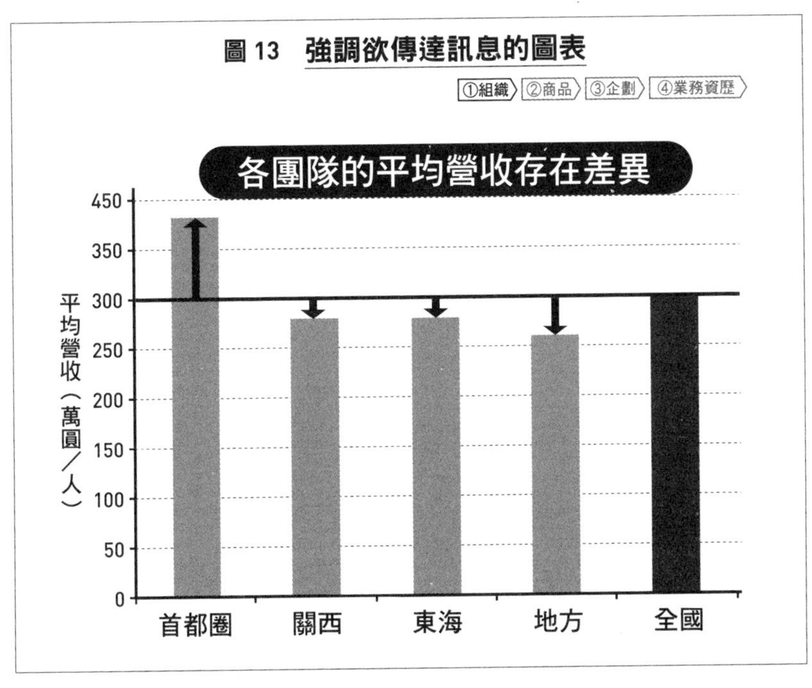

這裡先採用平均值以簡化說明。）

對於不見得擅長數字的上司，要精準傳達的重點有三個。

第一個重點，是在最上面的**標題部分寫出你「最想傳達的事項」**。以這次的案例來說，寫的就是「各團隊的平均營收存在差異」。這樣一來，你想用這張圖表傳達的事項就會很明確。然而，假如標題部分寫成「各團隊的平均營收」的話，明明是同一張圖表，上司卻會開始思考，「該從圖表中讀取出什麼訊息」。如此一來，不管上司的數字概念是強是弱，都有可能解讀成與你想傳達的事項不同的訊息。一旦對方做出不同的解讀，就得耗費更多心力去修正他的想法。

相對的，如果圖表的標題寫成「各團隊的平均營收存在差異」，上司就會以團隊營收存在差異為前提來檢視圖表。解讀的範圍即可鎖定在「差異大約是多少」這一點上。**只不過是把標題從一般的標示，調整成「你想傳達的事項」，傳達方式就會產生巨大的差異**。

第二個重點，是**「淺顯易懂地呈現出要比較的對象」**。在這張圖表中，是以「全國平均營業額（橫軸的最右端）」作為比較的對象。具體來說，就是在代表全國平均營收的直條上畫出一條左右延伸的線，以圖形表示此處是以這條線作為比較的對象。如此一來，上司就能簡單地理解我在與什麼做比較。

第三個重點，是**呈現方式的巧思**。除了在全國平均的直條頂端加上左右延伸的橫線，還要在那條線與各地區直條圖的上下加上箭頭，用以**強調差異**。

藉由第二與第三個重點，就能把最想傳達的「各團隊的平均營收存在差異」，清楚易懂地傳達到上司的腦海裡。

請看**圖14**，這是將原先的**圖13**稍做改良後的版本。具體的差異就是將縱軸的

圖 14　強調各地區與全國平均營收差異的圖表

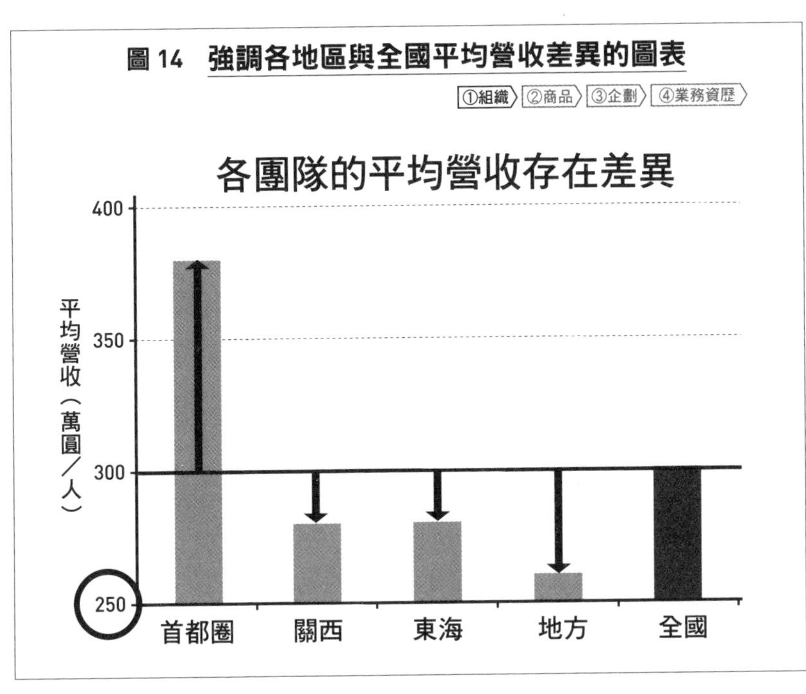

交點從0變更成250，藉此**強調全國平均與各地區比較對象的差異，即可更清楚看出不同之處**。

不過，這些都只是你在分析過程中，「想要強調」時所使用的技巧而已。這是什麼意思呢？意思就是如果實際上沒有太大差異，卻刻意用來呈現其中差異的話，那就本末倒置了。千萬不能利用呈現方式做出欺瞞對方（在此例中就是上司）的行為。

我特地寫出這些內容，是因為有時試算表軟體在自動設定下，會製作出強調這些差異的圖表。最後導致分析者看了那張圖表以後，誤

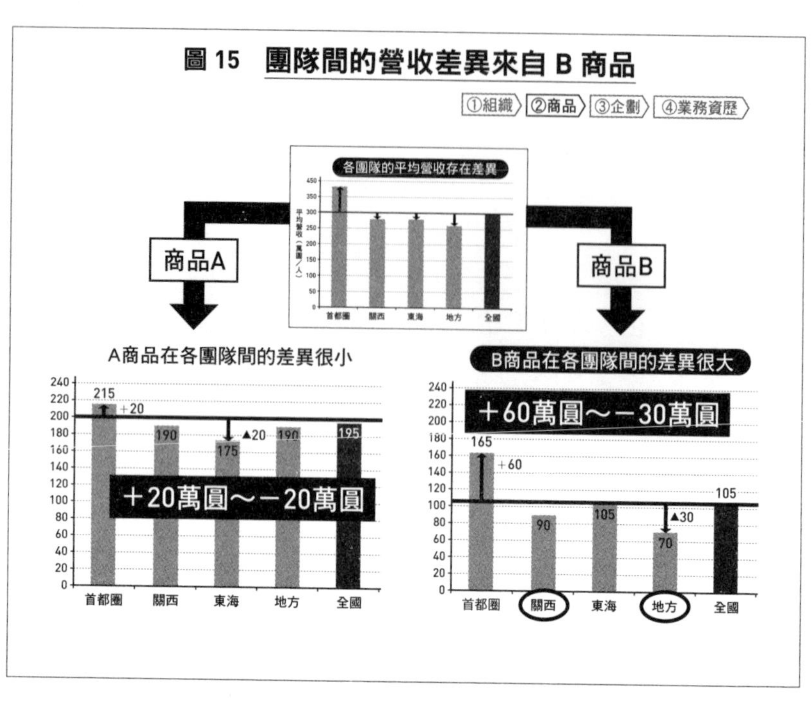

以為差異很大，但實際上差異卻很小，這樣的案例也不在少數。

這是圖表呈現方式所造成的錯覺。換言之，在變更座標軸時，最好先設定好要運用的範圍，以「**實際存在差異，且為了呈現得更清楚，才採取變更座標軸的方式加以強調**」的程度即可。

接下來的**圖15**，是在確認「各團隊的平均營收存在差異」的原因，究竟是來自A商品還是B商品？

就跟**圖14**一樣，**圖15**將A、B兩種商品按照地區的平均營收，用

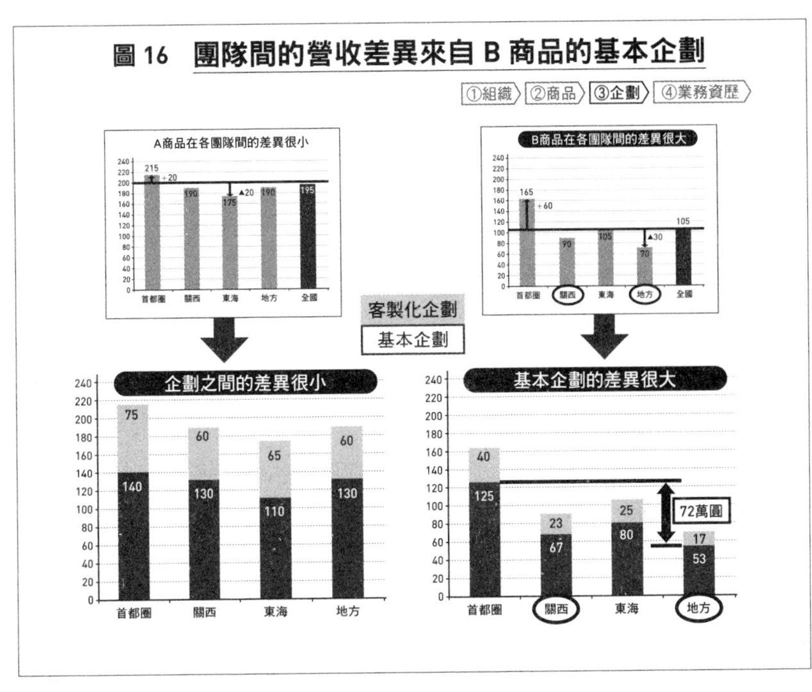

圖表來呈現其中的差異，並把想要傳達的內容寫在上方當作標題。我們可以發現，A商品的營收在各業務團隊間的差異雖小，但B商品的營收差異卻很大。

為了強調這個內容，這裡用**「+60萬圓～-30萬圓」**來強調賣得最好與賣得最差的單位之平均值差異。如此一來，即可傳達出「各團隊間的差異問題是來自於B商品」的訊息。

圖16說明了「基本企劃」和「客製化企劃」之間存在差異的原因。為求慎重起見，我將前面**圖15**中確認過沒有問題的A商品也納入

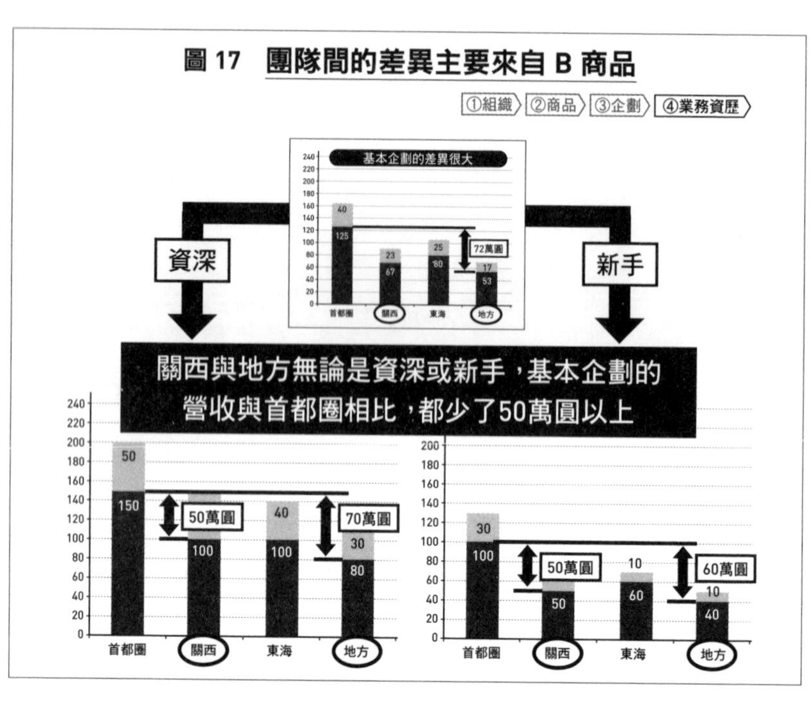

比較對象。由此可知，B商品的問題是基本企劃的營收差異所造成的。

在**圖17**中，我們針對B商品分析了資深業務員與新手之間的差異。同樣強調了想要傳達的事項。從這張圖可以發現，問題似乎跟業務員的資深程度無關，而是**B商品的基本企劃在「關西」與「地方」與兩地，每名業務員的平均營收較低的緣故。**

假如能夠分析到這個階段就太好了。這樣應該可以如同一開始的假說，向上司提案針對關西與地方兩地的業務員，舉辦B商品基礎知識與促銷重點的研習會。

只不過，B商品本身仍然有可能也存在問題。也就是說，不僅是業務單位這部分而已，商品企劃的部分可能也有問題。在這種情況下我們可以想見，若將此分析資料提供給商品企劃部門，也會比較容易得到他們的協助。同時，要拜託商品企劃負責人來擔任研習會的講師，可能也會比較容易。

愈快提出分析報告，上司就愈容易改變態度

關於前述的分析結果，若能在上司交代下來的隔天，或最晚兩、三天後提出報告的話，相信上司也會相當滿意吧。

這次的分析最花時間的部分，大概是建立情境與取得區分資深與新手的資料。基本企劃與客製化企劃的資料，雖然不在最初的資料當中，但一般來說這些資料都在收到訂單時即已登錄，因此要取得應該很容易。這樣說起來，要在隔天

或兩、三天後報告分析結果的可行性應該也很高才對。

一般來說，**工作的成果是用QCD來評價**。Q是成品的品質，即Quality；C是投入的金錢或時間等成本，即Cost；D是交期，即Delivery。隔天或兩、三天後的意思，就是D很短、很迅速——**迅速交出成品，人就會很感動**。Speed is Power。

反之，如果D（交期）很久，具體來說，請想像一下若是在一週或兩週後才提出報告的話，上司會是什麼感覺。他說不定會格外期待，認為你既然花了這麼多時間，肯定會提出內容相當扎實的報告。也就是說，他的期待值會比較高。可以的話，最好要避免上司對你的「Q（成品的品質）的期待值」有所落差。

如何才能避免呢？答案意外簡單。因為大部分交期很久的理由，其實都不是花費太多時間，只是太晚著手處理而已。

還是老話一句，交期愈快愈能感動他人。

在開始行動之前，先與上司取得共識

在具體動手作業之前，我們必須先做好三個準備。

第一，是確認上司的指示具有討論的價值；第二，是建立整體情境。具體來說，就是**找到「特定商品×業務群的問題點」並舉辦研習會，以現有的業務人力實現提升5％營收的目標**；第三，是取得建立情境的資料或確認步驟等流程，你也可以藉此計算出整體產出（output）所需的工時。

在習慣之後，做這些準備所需的時間可能只要幾小時，甚至是一、兩個小時即可完成。試問：如果上司交派某個任務，你只花了一、兩個小時就能產出這三種資訊，你的上司會怎麼想呢？毫無疑問，這就是Speed is Power，他肯定會認為你是「工作能力強的人」吧。

讓他人對你產生這種印象的重點也有三個。

第一，如果能在這個事前準備階段就提出分析報告的話，就能讓人覺得你是做事有效率的人。

第二，這可以消除上司的不安。在此之前，**上司會對你何時才能提交報告而感到焦慮**。也就是說，如果能在這個階段取得中期報告與根據工時所推算出來的交期，他就能因此放心。這也是讓人認為你「工作能力強」的重點之一。

第三，假如在這個階段發現上司與你所設想的方向不同的話，還可以及早修正。

如此一來，你就能夠省去不必要的作業，你的上司也不用浪費時間看那些不必要的資料，真是皆大歡喜。但如果等到完成繁複的作業以後才發現做了白工，雙方都不會開心，而這種情況是可以避免的。

讀到這裡，不曉得你是否已經理解「因式分解」、「ＲＯＩ思考」與「假說思考」的重點了呢？如果能夠實踐本章的內容，相信你已經充分具備「用數字思考」的能力。

下一章開始是應用篇。若能加以實踐的話，你將可以更自由自在地使用數字這項武器。

第2章

解讀數字背後的意義

世界上有兩種笨蛋

學生時期，年少輕狂的我總認為，「所有事物都能用數字去理解」。那或許是當時的年輕理科生很容易抱持的想法。

對於那樣的我們，教授說了這麼一句告誡的話：

「世界上有兩種笨蛋，一是『認為所有事物都能用數字去理解的笨蛋』；二是『認為所有事物都不能用數字去理解的笨蛋』。你們可不能成為這兩種笨蛋的其中一種。」

一開始我不是很明白這句話的意思。深入瞭解後，才知道教授想表達的是這樣的觀念：用數字來呈現某些事物時，要把想要呈現的事物視為「模型」。所謂的模型，在某種意義上，是**假設事物是處於一種理想狀態（或處在單純化的情況）**

下才會成立。

然而我們實際上面對的，是既不理想也不單純的實際現象。換句話說，「模型」與「實際」之間是存在誤差的。所以「以理想化、單純化的模型為前提所建立出來的數字，可以理解所有事物」的觀念並不正確。

不過另一方面，我也可以根據我的經驗值來說，**如果能建立正確的模型，就能掌握七成左右的現實**。簡而言之，「用數字無法理解任何事物」並非完全正確。恩師想要傳達的訊息，就是**在努力建立最佳模型的前提下，要隨時抱持那樣做並不完美的畏懼心理**。

至於**剩下的三成，則需要透過經驗或智慧來補足它**，因為那是無法用數字來呈現的**「定性資訊」**。

我將教授的話牢記在心，並在商務場合上觀察了形形色色的人。結果我發現那兩種笨蛋，也就是「認為所有事物都能用數字去理解的笨蛋」與「認為所有事物都不能用數字去理解的笨蛋」，超乎想像地多。

第 2 章要解說的 3 種數字思考法

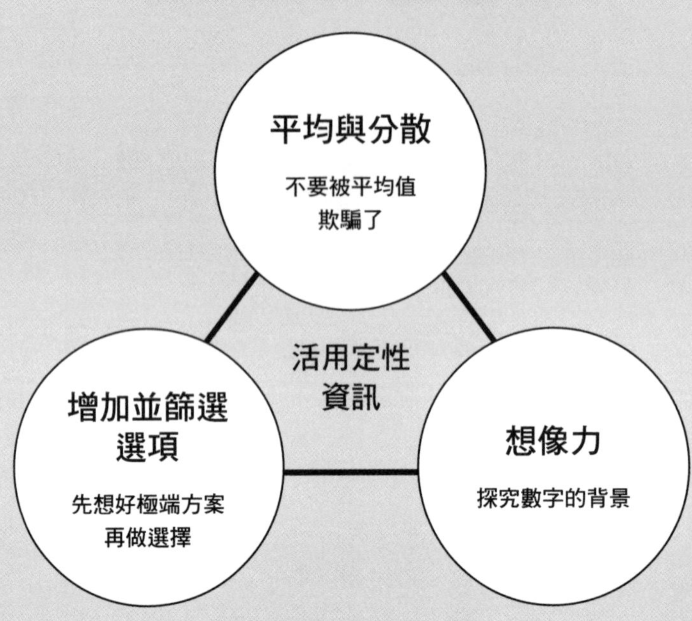

而且不管是哪一種笨蛋都無法順利地經營事業。

請各位也務必銘記在心。只要能夠正確地使用數字，就能掌握七成左右的現實，其餘三成則可以用定性資訊加以補足。

千萬不能成為「認為所有事物都能用數字去理解的笨蛋」，或「認為所有事物都不能用數字去理解的笨蛋」這兩種人。

本章將介紹如何解讀藏在數字「背後的意義」，重點包括「平均與分散」、「想像力」，以及「增加並篩選選項」。

1 平均與分散

「平均的人」並不存在

在日本一般來說，處理資料時經常會用**「平均值」**來做分析。在我的報告資料中，也可以看到很多分析都是用平均值作為基礎。我自己也經常使用平均值。只是在使用平均值時，有一件事情必須注意。

請看**圖18**，這是本書到目前為止分析過的業務單位營收數據中，問題較少（營收高於全國平均）的「首都圈」單位詳細數據。

該單位五月份的平均月營收為三百八十萬圓。這個平均值大致可以假設為兩種情況。**圖18右側的圖表**是首都圈各業務員的營收，分別集中在平均值三百八十萬圓上下。具體來說，是集中在月營收三百萬至四百萬圓的範圍。在這種情況下，我們應該可以說**平均營收三百八十萬圓這個數值代表全體**。

另一方面，**圖18左側的圖表**又如何呢？與平均營收三百八十萬圓比較的話，在中間值以下的月營收一百萬至一百五十萬圓的範圍內，有略少於一半人數的業務員。然後其餘超過一半的人，是介在四百五十萬至五百萬圓之間，比平均營收三百八十萬圓多出兩成左右。而剛好落在這兩組人平均值三百八十萬圓的業務員，則是連一個也沒有。換言之，**在數字上來說，「三百八十萬圓」這個平均值雖然是正確的，但卻沒有任何一個業務員的月營收是三百八十萬圓**。當然，這個三百八十萬圓的平均值，也無法代表首都圈的業務員。

要想像並分析實際上並不存在的「平均值業務員」是不合理的。同理，雖然與這次的案例無關，但要以「居住在市中心的二十幾歲平均值女性」為目標來討論對策，也無法期待任何效果，因為**這樣的人並不存在**。

這並不是什麼特殊案例。過去曾有一個專案計畫，試圖選定一組最適合戰鬥

圖 18　即使平均值相同，也有可能呈現不同的分布

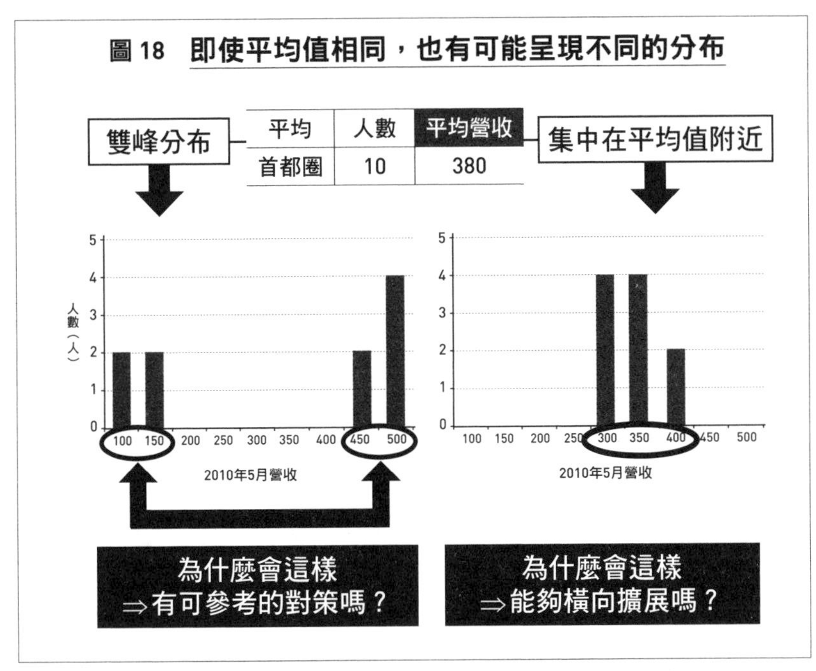

機飛行員的座椅及操縱桿等設備。該計畫的內容是要決定機艙座椅的大小、高度、操縱桿與儀表的尺寸，以及安裝的位置、與操縱桿的距離等等。當時也為此搜集並分析了眾多飛行員的資料。

結果，最終選出了最合適（被認為是最佳平均值）的數據，並根據這個平均值數據決定椅子的大小、椅面的高度、操縱桿的尺寸、距離等等。

然而奇怪的是，陸續有飛行員提出抱怨。如果只是抱怨而已，那麼問題還有可能解決，但如果因此導致飛機在戰鬥中墜毀呢？這樣一來問題可就大了。於是，當時又再啟動了一個專案計畫來探究原因。

原因很簡單，這個專案採用了各種飛行員的身體數據平均值，來打造戰機設備的大小及它們在駕駛艙內的位置。換句話說，就是根據飛行員身體數據的平均值，打造出一致的座椅高度、座椅到操縱桿的距離、操縱桿的大小等。

然而符合這些「平均值」的飛行員，在所有飛行員中只占了很小的比例。因此對大部分的飛行員來說，還是會有「椅子的位置有點不對」或「身體距離操縱桿的位置不對」等不協調感或不順手的地方。由於是在這種狀態下操縱飛機，當然不可能會有勝算。想了解更多細節的讀者，可以參閱《終結平庸》（*The End of Average*）一書。

前些日子，有位知名藝人抱怨了A公司的耳機。據說那是根據世界共通的平均數值製作出來的耳機，但他說自己右邊耳朵的耳機經常會掉落。這恐怕也是「只要是平均值就萬無一失」的反例之一。

確認用來計算平均值的分散數值，即可看清楚真實的現象。請務必養成一看到平均值，就確認其數值分布的習慣。

從數字偏離平均值的程度看清事實

要發揮平均值的威力，必須在**圖19**這種「常態分布」，也就是數據的分布以平均值為中心，呈現左右對稱的情況下。

不過數據的分布不見得都會呈現左右對稱的常態分布。例如**圖20的上圖**中，顯示了顧客交易額的分散數據與平均值數據。在這個案例裡，前20%的顧客經常占據80%的營收，也就是一般所謂的「**柏拉圖法則**」

圖19　常態分布圖的範例

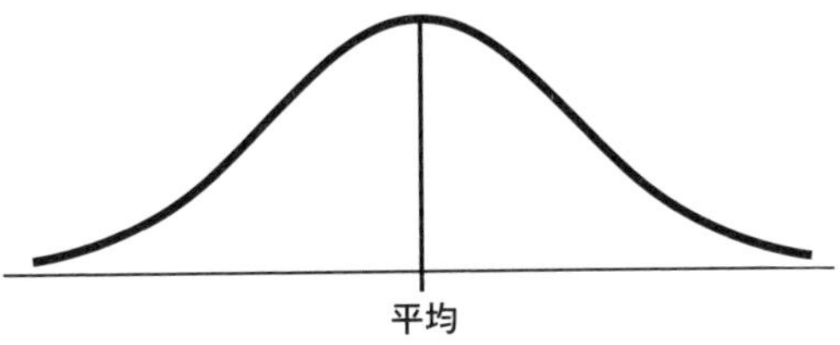

平均

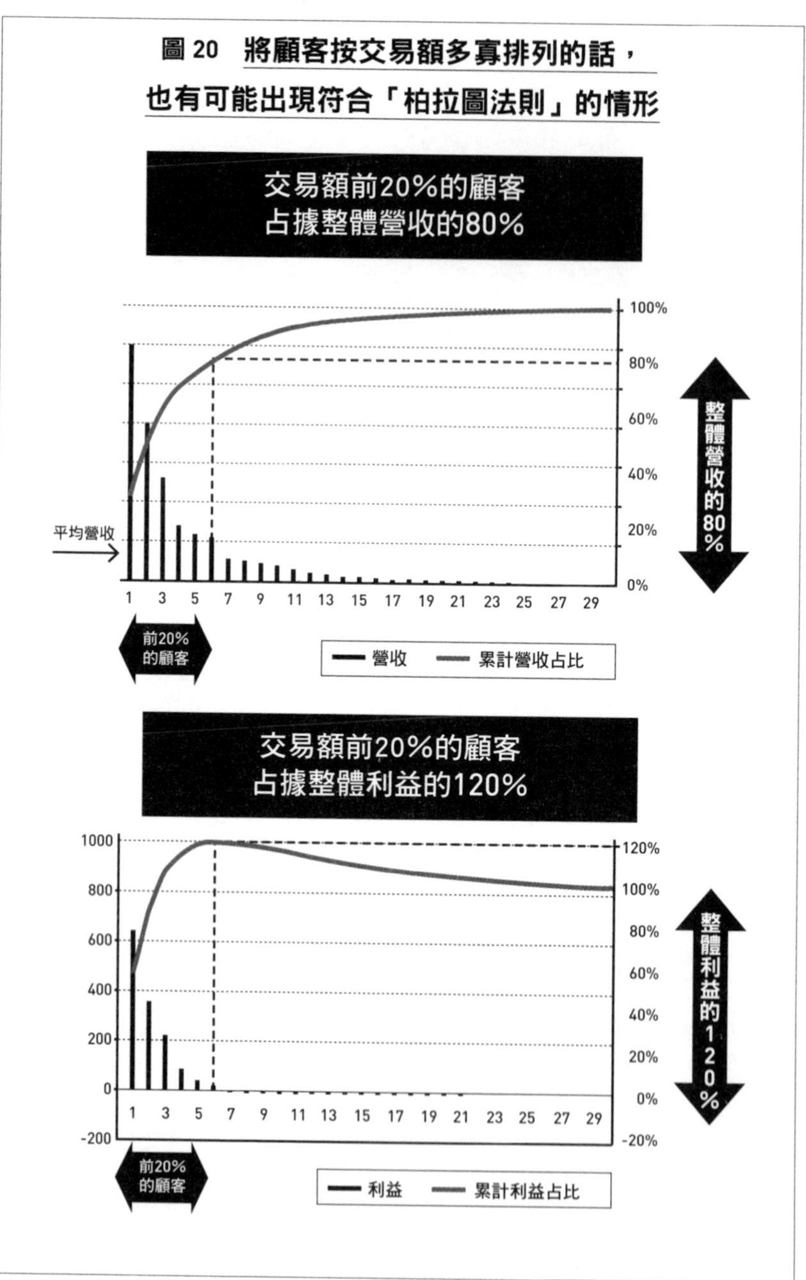

圖 20　將顧客按交易額多寡排列的話，
也有可能出現符合「柏拉圖法則」的情形
交易額前20%的顧客
占據整體營收的80%
100%
80%
60%
40%
20%
0%
整體營收的80%
平均營收
1 3 5 7 9 11 13 15 17 19 21 23 25 27 29
前20%
的顧客
營收
累計營收占比
交易額前20%的顧客
占據整體利益的120%
1000
800
600
400
200
0
-200
120%
100%
80%
60%
40%
20%
0%
-20%
整體利益的120%
1 3 5 7 9 11 13 15 17 19 21 23 25 27 29
前20%
的顧客
利益
累計利益占比

（Pareto principle）。

若再以顧客別的營業利益來檢視，則如**圖20下圖**的情況也不在少數，也就是交易額前20％的顧客帶來120％的利益；交易額後80％的顧客則帶來虧損。

如何避免「營收雖高，卻賺不到錢」的狀況呢？

說個題外話，各位的組織是否確實掌握**客戶別的營業利益呢**？因為是營業利益，所以可以用「客戶別營收－客戶別成本－客戶別營業費用」的算式計算出來。客戶別營收應該都在掌握之中。把客戶別營收減去成本得到毛利，我想會檢視到這一步的公司也很多。但是，將營業費用按照一定規則分配（將發生的費用分配至不同部門或產品）以後，從毛利中扣除，計算出營業利益，能夠管理到這一步的企業恐怕很少吧。

如果能夠檢視客戶別的營業利益，就能在討論客戶別的業務戰略之際獲得啟發。比方說，營收明明很多，業務或員工卻花費異常多的工時在特定客戶身上，在這種情況下，或許就能注意到在實際分配工時以後，不僅是營業利益率低，甚至連利益額也很少。

或者更極端一點，有可能負責某些特定大客戶的人員因為工時長，再加上給該客戶的折扣也多，結果使得營業利益反而是赤字。若真是如此的話，雖說實在無法理解為什麼要給那位客戶特殊待遇，但這在只看「營收」一項數字的組織中，卻是屢見不鮮的事。

此外，也有一種情形是，即使獲得新客戶，一開始的收益也很小，甚至是赤字。這是**因為相較於新客戶，現有客戶的業務效率會高出三倍左右，而且平均每次的交易金額也同樣會多出三倍左右**。

結果就是，現有的大客戶與新客戶、交易額較少的客戶相比之下，業務效率會相差到3×3，相當於約十倍之譜。若你對這三種類型的客戶都採用相同的銷售與服務機制，那麼排行在後頭的小客戶或新客戶的合計呈現赤字，恐怕也是理所當然的事吧。

如果分析到營業利益為止，發現數字呈現赤字的話，試著想像**有可能是提供**

過度的折扣或花費過度的工時所致。又或者，即使沒能檢視到營業利益，也試著想像看看，**如果針對特定客戶用數字進行這樣的分析，即可加以驗證**。一旦養成這個習慣，用數字分析的水準就會提升。

前述的平均與分散也是其中一例。

繼續討論前文多次提及的業務單位分析案例吧。首都圈五月份的平均營收是三百八十萬圓。雖然平均值是這個數字，但這有兩種可能性，也就是我們可以推測，可能是如105頁**圖18**左側的圖表一樣，呈現雙峰分布的情形；或者是如**圖18**右側的圖表一樣，平均值即代表整體的情形。如果是像左側的雙峰分布，那麼如果能將每月營收高的業務群組的知識技能，移交給營收低的業務群組的話，即可進一步提高營收。

另一方面，如果是像**圖18**右側的圖表一樣，數值集中在平均值前後的話，有可能表示**無論是否具備業務經驗或知識技能，這個商品都是容易銷售的商品**。或許可以確認商品企劃方面的支援狀況、工具或體制，看看能否活用於其他商品的促銷上。所謂根據數字「試著想像」事實，就是一套這樣的思考法。

除此之外，如果你覺得平常的所見所聞，與數字之間好像有一股不協調感的話，**請重視那股不協調感，並發揮你的想像力，養成「確認」的習慣**。這就是加上定性資料的思考法，也是讓分析水準提升的重要方式之一。

3 增加選項，再篩選出最佳方案

提升假說力的2個步驟

在應用篇的最後，是讓情境（假說）升級的技巧。要建立理想的情境，該怎麼做才好呢？

請看**圖21**。若把「建立情境」因式分解的話，可以分解成：**①尋找多個選項**；**②篩選出一個合適的選項**。其實不管是建立情境也好，企劃立案也罷，或者是業務方法，這兩個步驟都是可以應用在各種工作上的思考法。

若用反論來表現的話，「無法建立良好情境的人」＝「缺乏工作能力的人」，或許正是沒有學會這兩個步驟的緣故。

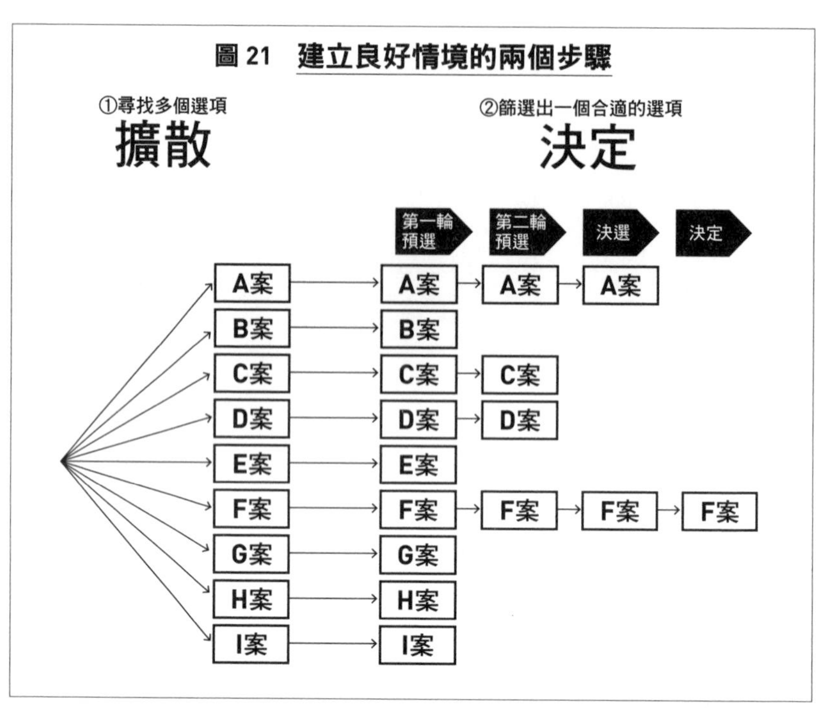

比方說，只找到一個情境，並執著於那個情境好了，在與執行前述兩個步驟的人相比之下，情境的品質必然會大相徑庭，這一點無庸置疑。

順帶一提，這兩個步驟會使用到的頭腦肌肉也不一樣。①尋找多個選項的步驟，使用的是「**擴散**」的頭腦肌肉。

我在①這個步驟中，往往會像**圖22**一樣，努力建立兩個極端的方案。**等找到兩個極端的選項之後，再尋找介於其中的選項。**

人在試圖尋找多種選項時，常

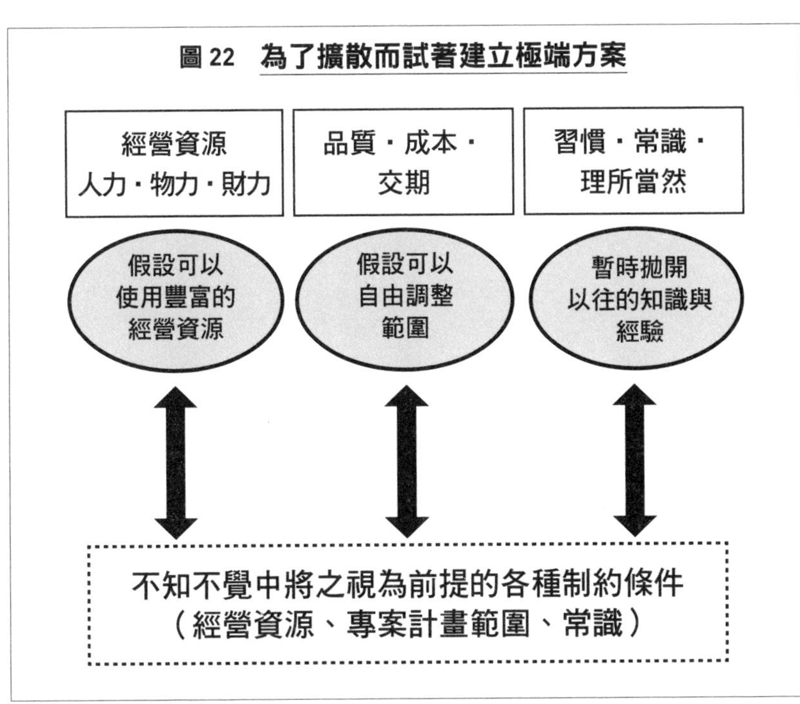

會在不知不覺中以制約條件為前提來思考。在需要「擴散」的步驟①中，如何忽視制約條件極其關鍵。所謂的制約條件，最典型的就是「人力」、「物力」、「財力」等經營資源，或「品質」、「成本」、「交期」等專案計畫或工作的制約條件。「因為沒有預算、因為趕不上交期、因為缺乏人手」，這些制約條件會限縮你的選項。

或者也有可能是你讀過的書籍內容、過往的經歷、以往見聞過的事物等造成影響。**能否暫時忽略這些制約條件來思考選項，正是此處的重點。**

例如，請試著設想看看，如何擴增自己的「轉職」選項吧。如果以「要不要轉職」作為出發點來思考的話，可以想到其中一個極端選項，就是最後決定「不轉職」的選項；而另一個極端的選項，則可以想到**「以此為契機，從此頻頻換工作」**。這樣一想就會知道，在兩個極端選項之間，還有「轉職後持續穩定工作」的選項。這樣一來，就成功找到三個選項了。

如果以其他主軸來思考，還可以想到的是，「我只要在一家公司工作就好了嗎？還是要經營副業或複業？」這樣一想，承攬許多企業的工作或專案的選項也是有可能的；如果再進一步延伸這個想法的話，「創業」應該也是一個可以討論的選項。

重點是在擴增這些選項時，**暫且拋開自己做不做得到，或要不要選擇的念頭**。要盡可能地擴增選項。也就是要把選項擴增到最多，多到不必在事後心想：「是不是還有其他選擇？」而又重新回到這個步驟。

想好多個選項以後，接下來的步驟就是篩選出其中一個選項。這個步驟需要的是**「決定分析」的技巧**，使用的是**「收斂」**的頭腦肌肉。決定分析的手法即透過第一輪、第二輪的預選與最終決選，篩選出一個最合適的方法。

我們用**圖23**來說明其中的步驟。假設現在要新開一個店面，有A、B、C、D四個候選的場地。

第一步是確認選項。選項有四個：A、B、C、D。

接下來，為了從四個選項中擇一，就要確認**「標準」**。所謂的標準，就是決定選項的條件。這個標準一般來說，不會只有一個。

例如：①租金一百萬圓以下；②〇月〇日前遷入；③店內裝修工程五百萬圓以下；④預估客流量平日一百人、假日一百五十人以上；⑤工讀生時薪一千圓以下；⑥店面晚上十一點打烊……等等。

然後將這些標準分成兩類，分別是第一輪預選用的**「MUST」標準**，與第二輪預選用的**「WANT」標準**。

MUST標準指的是一定要滿足的條件。在這次的案例中，就假設①租金一百萬圓以下；②〇月〇日前遷入；③店內裝修工程五百萬圓以下。這三個是第一輪預選用的MUST標準吧。

在選項A、B、C、D中，由於D的現狀是毛胚屋（內部裝潢或各種工程都是由承租人負責），因此店內的空調或水管工程等費用也是由我方來負擔。目前已知費用會是一千六百萬圓。這樣一來，就不符合MUST條件的③店內裝修工程五百萬圓以下。MUST條件①②③是全都必須滿足的前提條件。因此選項D在第一輪預選中出局，必須將之從候補選項中剔除。

接下來是第二輪預選。這裡使用的是「WANT」標準。這次要**決定①到⑥所有標準的優先順序，並按照重要度將優先順序由高到低設定分數**。

舉例來說，由於客流量是最重要的，因此④是十分；招募工讀生是第二重要的，因此⑤是八分；租金最好便宜一點，因此①是六分；最好能夠盡快進駐，因此②是四分；其餘兩個項目的重要度較低，因此③與⑥各是兩分。

對於通過第一輪預選的三個選項，分別針對①到⑥的項目符合度給予評分。

例如在客流量的部分，假如從高到低依序是A＞B＞C的話，就分別給予十

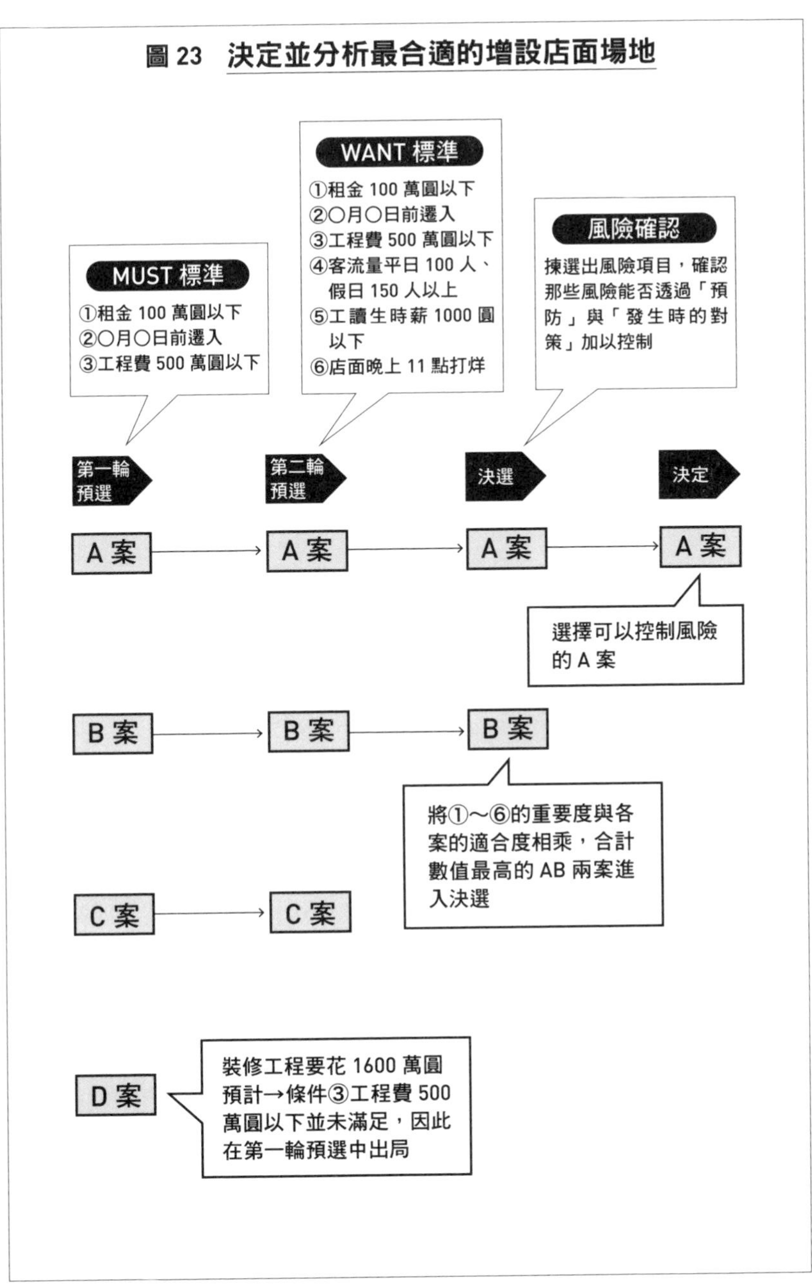
圖 23 決定並分析最合適的增設店面場地
MUST 標準
①租金 100 萬圓以下
②〇月〇日前遷入
③工程費 500 萬圓以下
WANT 標準
①租金 100 萬圓以下
②〇月〇日前遷入
③工程費 500 萬圓以下
④客流量平日 100 人、假日 150 人以上
⑤工讀生時薪 1000 圓以下
⑥店面晚上 11 點打烊
風險確認
揀選出風險項目，確認那些風險能否透過「預防」與「發生時的對策」加以控制
第一輪預選
第二輪預選
決選
決定
A 案
A 案
A 案
A 案
選擇可以控制風險的 A 案
B 案
B 案
B 案
將①～⑥的重要度與各案的適合度相乘，合計數值最高的 AB 兩案進入決選
C 案
C 案
D 案
裝修工程要花 1600 萬圓預計→條件③工程費 500 萬圓以下並未滿足，因此在第一輪預選中出局

分、八分、六分。然後將此項目的重要度與分數相乘，作為各個選項的得分。A＝重要度10分×分數10分＝100分；B＝10×8＝80分；C＝10×6＝60分。以此類推，針對①到⑥的所有項目進行評分。

然後將各個候補選項的得分加總，得出選項A到C的總分。總分最高的前兩名，在這次的案例中就是選項A與B，將會晉級到最終決選。

在最終決選中，必須**針對風險進行考量**。揀選出風險項目，並**確認能否透過「事前預防」與「發生時的對策」來減輕風險**。

在最終決選中，第二輪預選的分數完全是參考性質，主要是看風險能否控制來做判斷。這個案例的結果，是選項A在最終決選中勝出。我們將朝著在選項A增設店面的最終方向進行詳細的籌劃。

如果能夠學會這套決定分析的技巧，就能夠提升決定情境（假說）的能力。

專欄

現學現用！訓練「用數字思考」的方法

如果你是對數字有心理障礙的人，以下將介紹幾個可以簡單幫助你克服心理障礙的方法。

〈看到汽車的車號就試著做加減運算〉

這是一套對小學生也很有效的訓練法。當我們看見一組車牌號碼時，上面會寫著三位或四位數字。這時，**請將車牌前面的一到兩位數字與後面的兩位數字做加減運算**。例如，車牌是「44－26」的話，就是44＋26＝70、44－26＝18；如果是「23－88」的話，就是23＋88＝111、23－88＝－65。

雖然是非常簡單的訓練，但每天持續練習的話，就能實際感受到計算速度的提升。任何事情，**只要感受到有所成長，人就能夠堅持下去。能夠堅持下去，就會變成一種習慣**。「習慣的力量」是非常強大的。相信你會在不知不覺中發現，自己對數字的心理障礙逐漸減少。

〈想想看幾點會抵達〉

這是可以練習因式分解與預估工時的絕佳訓練法。也就是在出門的時候推算看看幾點幾分會抵達目的地。舉例來說，**我們試著推算看看，從我位於橫濱的家，開車到大阪的老家，會在幾點抵達好了**。

該如何分解比較好呢？比方說，我想出來的因式分解如下：

兩地的距離大約接近五百公里。

假設：

①從我家到最近的高速公路入口≒10公里；

②從高速公路出口到老家≒10公里；

③在高速公路上的平均時速為80公里；

④途中休息三次。

由於平面道路上的平均時速為二十公里左右，因此①、②分別是10公里÷時速20公里＝0.5小時（三十分鐘）。

全程五百公里減去①②合計的二十公里，剩餘里程是四百八十公里。③在高速公路上所需的時間為480公里÷時速80公里＝6小時。

假如④是每次休息三十分鐘的話，30分鐘×3次＝1小時又30分鐘。

合計起來就是①30分鐘＋②30分鐘＋③6小時＋④1小時又30分鐘＝8小時又30分鐘。

假如我是在上午八點出發的話，即可預測抵達目的地的時間是：8點＋8小時又30分鐘＝下午4點30分。

如果想提早一些時間抵達，該怎麼做才好呢？方法有三個：**Ⓐ提早出發的時間；Ⓑ減少休息次數或休息時間；Ⓒ加快在高速公路上的平均時速**。當然，也可以是這三者的組合。

比方說，我們將Ⓐ改成提早一小時出發；Ⓑ改成休息兩次；Ⓒ改成平均時速九十公里好了。①與②依然是三十分鐘不變。

③480公里÷時速90公里＝5小時又30分鐘

④30分鐘×2次＝1小時

如此一來，①30分鐘＋②30分鐘＋③5小時又30分鐘＋④1小時＝7小時又30分鐘；上午7點＋7小時又30分鐘＝下午2點30分。

這樣的話，就可以比一開始預估的下午四點三十分提早兩小時抵達老家。

這就是計畫，亦即情境（假說）。然後與實際結果做比較，確認①～④的哪個部分、有多大程度是相同或相異的。

這次雖然是用私事來舉例，但像這樣的「回顧」同樣能在工作上發揮巨大威力。具體來說，應該可以實際感受到「預估工時」的準確度愈來愈高。**預估工時的準確度提升的話，預估整體工作的準確度也會提升**。雖然只有使用到四則運算，但在日積月累之下，對於數字的敏銳度也會日益提升。

第3章

提高賺錢敏銳度的數字力

意識到經營者的觀點

想要提高賺錢的敏銳度，最大的重點就是**「意識到經營者的觀點」**。雖然統稱為經營者，但其中也包括形形色色的人，因此或許無法以「經營者」一詞概括而論。這裡所說的經營者，指的是把**「Going Concern：持續經營」**放在心上的人。所謂的持續經營，就是把「公司未來會持續經營事業」當作最優先的前提。

企業負有持續提供顧客服務或商品的責任。為了盡到那些責任，必須為它所提供的商品做售後服務、改良商品或開發新產品。而為了要實現這些責任，就需要有優秀的人才與夥伴。因此，資金是必不可少的。

說明得有點冗長了，總之要實現這些責任，**穩定地投資資金是不可或缺的。**

換句話說，我們必須持續提升獲利——為了持續經營，利潤至關重要。

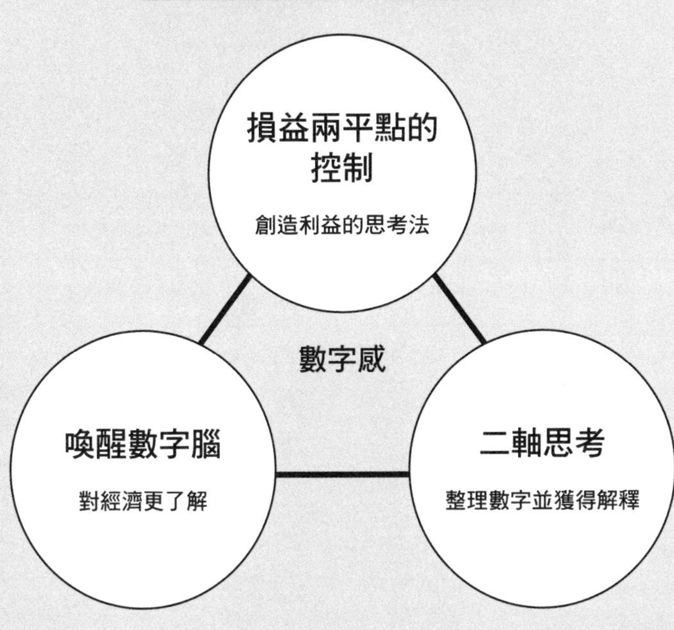

這裡我想傳達的是**「經營者用利益審視事物」**的觀點。若極端而論，這一點是判斷一個人是否適合擔任經營者的最大關鍵。從這個觀點來說，我們可以判斷只用營收或成本來思考事物的人，即使他位居董事或管理職，也稱不上是真正的經營者。

接下來在第3章中，我將針對賺錢，也就是增加利益，最重要的三大重點進行說明。我再強調一次，光靠四則運算就能讓你明白很多事情。

1 損益兩平點的控制法

案例

「咖啡折價50圓vs贈送50圓的配料，哪一種優惠方案的效果比較好？」

首先，是學習「增加長期利益的方法＝**LTV：顧客終身價值**」觀點的個案分析。有一家連鎖咖啡店正在討論兩種優惠措施。

方案1　三百圓的咖啡折扣五十圓，以兩百五十圓的價格販售。

方案2　三百圓的咖啡免費贈送五十圓的配料，以三百圓的價格販售。

優惠措施的目的是增加長期利益。請試著用數字來判斷看看，在方案1「折扣」與方案2「免費贈送配料」之中，哪一個方案的效果比較好。

你必須**從多組方案中選出最合適的措施**。在這種時候，前一章介紹的「決策分析」技巧就可以派上用場了。這次的選項比較少，只有兩組，因此可以用相對簡易的方法來比較看看。

我們可以這樣分類：方案1是「折扣」措施；方案2是「追加服務」措施。選擇哪個方案比較好，或者各位會選擇哪一種方法，就是這次的題目。

或許有人會想靠直覺做決定，不過這裡我們要先耐著性子，活用四則運算（＋、－、×、÷）來稍微整理看看吧。

方案1與方案2有哪裡相同，又有哪裡不同呢？我們先從這裡開始討論。

首先**「相同」的是，方案1與方案2的優惠措施都是從定價折扣五十圓**。方案1是三百圓的咖啡折扣五十圓，以兩百五十圓的價格販售；方案2是三百圓的咖啡價格不變，免費贈送五十圓的配料。換個方式說明的話，就是定價｛300圓（咖啡價格）＋50圓（配料價格）｝－折扣50圓＝販售價格300圓。由此可知，方案1與方案2都是從定價折扣五十圓。

反觀**「不同」之處，則是每一位顧客的平均營收**。方案1的營收會是兩百五十圓；方案2的營收則是三百圓。

以上簡單確認了方案1與方案2的「相同」與「不同」之處，接下來就要活用四則運算，來比較看看這兩個方案吧。比較的項目有四個：**「營收」**、**「折扣率」**、**「利益率」**，以及**「未來顧客增加的可能性」**。

首先是從「營收」的觀點來比較。若單純比較方案1與方案2，其實無從得知哪個方案比較有可能在顧客支持下提高總營收。

因此可以先試著計算看看，**如果營收要達到與折扣前相同的水準，必須增加多少顧客數**。方案1的話，需要300圓÷250圓＝120％的顧客數，也就是必須＋20％的顧客才行；方案2的話，需要350圓÷300圓≒116.7％的顧客數，也就是必須＋16.7％的顧客。綜上所述，如果實施這次的折扣措施，方案1要增加20％的顧客，營收就會達到原來的水準。

請試著具體地想像一下「20％」這個數字吧。之前覺得三百圓有點貴的顧客，會認為「兩百五十圓就可以買買看」嗎？如果有這種想法的顧客增加20％的話，營收就會達到原來的水準。同樣的，方案2是免費贈送配料，而顧客只要能增加16．7％即可。

再次重申，我們不知道在現狀底下，哪一種方案的效果會比較好。不過為了達成同樣的營收所**必須增加的顧客數，方案1的＋20％＞方案2的＋16．7％——方案2要增加的百分比比較少**。由此即可判斷，方案2的可實現性可能會稍微高一點。

其次是「折扣率」。方案1是50圓÷300圓≒16．7％；另一方面，方案2則是50圓÷（300圓＋50圓）≒14．3％。一般來說，連鎖咖啡店的折扣率越低越好。由此可知，在方案1＞方案2的情況下，繼顧客數的增加之後，折扣率也是方案2比較有利。

同樣的，我們也來思考看看「利益率」的變化吧。因為沒有事先取得利益率的資料，所以在前述的數值之外，還需要各位的經驗或知識。舉例來說，此處需要用到咖啡或配料的利益率等數值。我自己也不是很清楚，不過我從經驗上已知，**餐飲業的食材成本率是10～30%**。因此，我們就假設調製一杯咖啡需要三十圓的成本好了。這樣的話，計算下來就會是：

〈平均一杯咖啡的利益與利益率〉

利益：300圓－30圓＝270圓

利益率：270圓÷300圓＝90%

但實際的利益還要從這個數字減去人事費用、咖啡機的成本、租金、水電瓦斯費、折舊費用、稅金等等，平均一杯大約是十～三十圓。這裡為了簡化計算，就以一杯咖啡的毛利為基礎，假設利益額為兩百七十圓，利益率是90%好了；另外，假設製作五十圓配料的成本是十圓。這樣的話，即可計算出：

〈平均一份配料的利益與利益率〉

利益：50圓－10圓＝40圓

利益率：40圓÷50圓＝80%

〈平均一杯「咖啡＋配料」的利益與利益率〉

利益額：２７０圓＋40圓＝３１０圓

利益率：３１０圓÷３５０圓＝88％

那麼如果實施這次的方案1與方案2，利益額與利益率分別會是多少呢？

〈方案1　折扣五十圓〉

營　收：２５０圓**（定價３００圓－50圓）**

利　益：２７０圓－50圓＝２２０圓

利益率：２２０圓÷２５０圓＝88％

重點是**折扣的五十圓會從利益當中整筆扣除**。

〈方案2　五十圓的配料免費〉

營　收：３００圓**（定價３００圓＋定價50圓－50圓）**

利　益：３１０圓－**（50圓－10圓）**＝２７０圓

利益率：270圓÷300圓＝90％

重點是與直接打折的方案不同，五十圓並非整筆從利益中扣除，而是**（50圓－10圓）＝40圓，先減去成本十圓以後，再從利益中扣除四十圓**。

方案1的利益會減少五十圓；方案2則會減少扣除成本後的四十圓。所以從利益的觀點來看，方案2減少的幅度也比較小，因此方案2再次勝出。

全部彙總下來，不管從營收的觀點、折扣率的觀點或是利益率的觀點來看，似乎都是方案2較為有利。

接下來我們來看一下，在實施這次的優惠措施以後，方案1與方案2之中，哪一個有助於增加未來的營收，也就是**對長期利益（顧客終身價值）的增加是有效的**呢？把顧客分類成現有顧客與新顧客來思考，或許會比較容易理解。

所謂的「現有顧客」，就是至今為止持續光顧店面的顧客；所謂的「新顧客」，則是因為這次的優惠措施而初次光顧的顧客。在這次的優惠措施結束以後，我們期待方案1會有一定比例的新顧客，日後也繼續來這家店喝咖啡。另一

圖 24 折扣 vs 配料優惠方案的比較

	方案 1：折扣		方案 2：免費配料
	300 圓咖啡 ⇒250 圓		300 圓咖啡 免費贈送 50 圓 的配料
相同之處	折扣 50 圓		折扣 50 圓
不同之處	售價 250 圓		售價 300 圓
比較 1 營收	為了維持同樣的營收， 必須增加 20%的顧客	VS	為了維持同樣的營收， 必須增加 16.7%的顧客 ◎
比較 2 折扣率	▲ 16.7%	VS	▲ 14.3% 
比較 3 利益率	▲ 50 圓 ▲ 2%	VS	▲ 40 圓 ＋ 2% 
比較 4 日後會增 加的營收	＋新顧客增加 －失去現有顧客	VS	＋養成顧客加點的習慣 －無 ◎

方面，一旦價格從兩百五十圓恢復到原本的三百圓，也有可能面臨部分現有顧客不再光顧這家連鎖咖啡店的風險。

至於方案2則是**提供「全新體驗」的優惠措施**，亦即免費贈送配料。我們可以期待在現有顧客之中，有一定比例喜歡配料的顧客，日後也可能持續加點配料。換句話說，在日後營收增加的可能性上，似乎也是方案2略勝一籌。

此例中的方案1與方案2，是實際的連鎖咖啡店採行過的優惠措施。我在那之前都只會點普通的拿鐵咖啡而已，但方案2的優惠措施實施以後，我成了經常加點東西的客人，例如加點「濃縮咖啡」，或把「鮮奶」更換成「豆奶」等等，可以說我完全被方案2的優惠措施給擄獲了。

怎麼樣呢？這次使用的同樣只有四則運算而已。即使只有這樣，也能夠分析到這種程度。而且用來確認的時間，只要能夠建立情境，有可能只要花幾分鐘到幾十分鐘即可完成。

雖然是這麼簡單的兩個方案，但假如能在幾十分鐘內回答出哪個方案比較好，是不是就有一種在工作上相當有一套的感覺？

我將這次的分析流程彙整在**圖24**中，請在需要複習時善加活用。

經營者為什麼喜歡「變動費用」不愛「固定費用」？

順便請問各位，「利益」可以用什麼樣的算式來表達呢？

那就是**利益＝營收－費用**。前面已經談過營收，這裡就針對費用的部分來補充說明。

雖然統稱為「費用」，但費用有好幾種分類方法。例如一般在編製損益表（P／L）時的分類項目是「成本」與「營業費用」。將個別的費用從營收中扣除以後，就會是**營收－成本＝毛利**，以及**營收－成本－營業費用＝營業利益**。此外，毛利與營業利益除以營收後的數字，分別稱作**毛利率（毛利÷營收）**與**營業利益率（營業利益÷營收）**。毛利率或營業利益率經常被用於分析企業利益，或確認公司各期財務的變動。另外，也經常被用來比較同業之間的收益性（獲利能力）。

費用也有其他分類方法，例如分成**「投資與成本」**，或者是**「固定費用與變動費用」**。此處針對分類成「固定費用」與「變動費用」的效能進行說明。

前文提到，經營者會以「利益」來思考事物。在思考利益之際，基本的思考方式之一，就是將費用分成「固定費用」與「變動費用」。這是一種**能夠在分析企業利益時發揮威力的分類方式**。

附帶一提，各位知道所謂的固定與變動，是相對於什麼而言嗎？

那就是相對於營收增減的固定或變動。固定費用即「無論營收增減都要支出的費用」，變動費用則是「必須與營收連動支出的費用」，所以一旦營收增加，費用也會隨之增加。反過來說，**如果沒有營收的話，就不必支出變動費用**。

先說結論，**經營者如果要使用相同的費用，往往會思考如何減少固定費用，增加變動費用的比例**。換言之，即使同樣要支出一百萬圓，也會思考如何降低固定費用的比例。為什麼呢？**因為經營者會考慮到最壞的狀況**。

舉例來說，假設如**圖25**所示，要支出一百萬圓的話，請試著比較以下兩個極端的案例：

A：全部都是固定費用（也就是無論營收多少都要支出一百萬圓）；

B：全部都是變動費用（支出與營收連動的一百萬圓）。

對於這兩個假設，我們還可以想到以下三種情況：

①營收為預期中的100萬圓；

②營收為預期兩倍的200萬圓；

③營收不如預期只有0圓。

結果如**圖25**所示。在營收符合預期的①情況下，A（固定費用）與B（變動費用）的結果相同；不過在營收為預期兩倍的②情況下，可知A（固定費用）的利益較多；在營收為零的③情況下，可知B（變動費用）的風險較小。

圖 25　固定費用與變動費用對利益的影響

	A：全部都是固定費用 無論營收多少 都要支付 100 萬圓	B：全部都是變動費用 支出與營收 連動的 100 萬圓
①營收為預期中的 100 萬圓	營收 100萬圓－固定費用 100萬圓 ＝利益 0萬圓	營收 100萬圓－變動費用 100萬圓 ＝利益 0萬圓
②營收為預期2倍的 200萬圓	營收 200萬圓－固定費用 100萬圓 ＝利益 100萬圓	營收 200萬圓－變動費用 200萬圓 ＝利益 0萬圓
③營收不如預期只有 0 圓	營收 0萬圓 － 固定費用 100萬圓 ＝利益 ▲-100萬圓（虧損）	營收 0萬圓 － 變動費用 0萬圓 ＝利益 0萬圓

營收確實（②的情況）　→增加固定費用的比例
（減少變動費用）
藉此增加利益
營收不確實（③的情況）→增加變動費用
藉此減少風險

我希望各位記住，在事先預期到營收可能超出預估的②情況下，可以把固定費用設定得高一些，建構出可以獲得更多利益的機制。**具體來說，就是全部自掏腰包來準備等等**。

不過**假如是事先得知營收將不如預期的情況（大多數都是這樣吧），也就是在③的情況下，盡量把變動費用設定得高一些來應付風險是很重要的**。

固定費用的例子像是事務所、工廠、倉庫的租金，員工薪水等相關費用、系統或資產的折舊費用等等。這些費用一般來說，即使完全沒有營收，也必須支付才行。另一方面，變動費用的例子則包括原物料費、銷售手續費、運費等等。

舉例來說，假設有一家公司專門販賣A商品。這家公司的營收可用**圖26**來表示。圖表的縱軸是營收，橫軸是A商品的銷售量（Quantity）。假如A商品的單價（Price）是十萬圓，賣出一個就有十萬圓營收、賣出兩個就有二十萬圓、賣出十個就有一百萬圓。這顯示在圖表上，就會是一條向右上方延伸的直線。**這條直線的「斜率」代表的就是價格（Price）**。

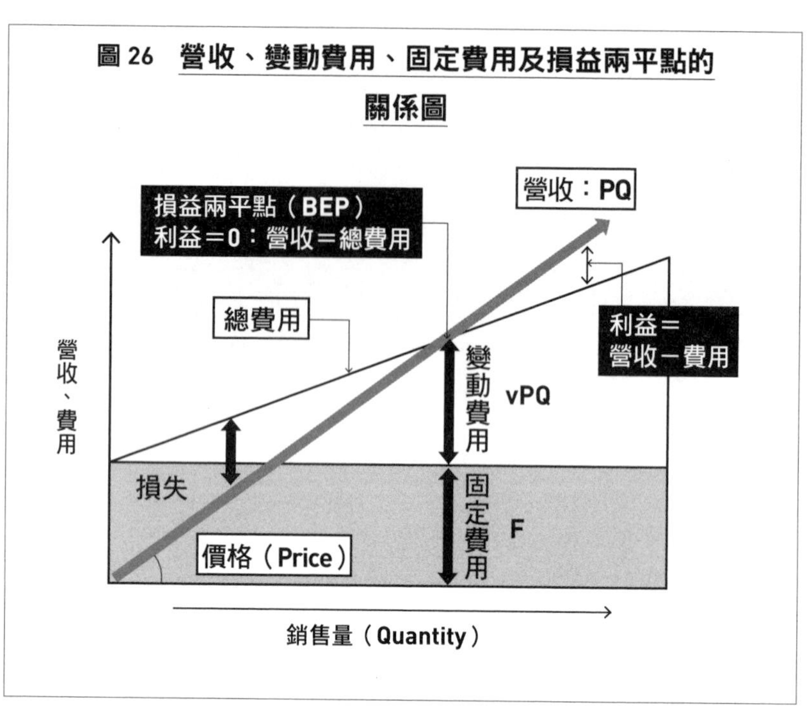

圖 26 營收、變動費用、固定費用及損益兩平點的關係圖

那麼固定費用或變動費用又該如何呈現呢？固定費用是不管A商品賣得好不好，都必須支出的費用。也就是說，固定費用與銷售數量無關，會是與橫軸平行的一條線。萬一A商品一個也沒賣出去的話，虧損的金額最多就是「營收零－固定費用」（這是用與圖表最左邊的「營收、費用」軸的交點來表示）。

另一方面，變動費用則是每銷售一次就會產生一次的費用，與營收一樣是朝向右上方遞增。至於總支出費用即固定費用與變動費用的合計。

要賣出多少個商品才會獲利？

從**圖26**的左側開始看會發現，在整張圖表的左半部，代表總費用（固定費用＋變動費用）的細線，高於代表營收的粗線。意思就是總費用多於營收，亦即處於虧損的狀態。

再繼續往圖表的右側看，有一個營收線與總費用（固定費用＋變動費用）線交會的地方。這代表營收＝總費用（固定費用＋變動費用），即脫離虧損的狀態，**利益為零**——這個點又稱**損益兩平點（BEP; Break Even Point）**。損益兩平點在日文中稱為「損益分歧點」，由日文漢字可以清楚知道，就是損（虧損）與益（利益）的分歧（分開）點，也就是銷售達到這個營收以後，即可脫離虧損的分歧點。**這對經營者來說是非常重要的數值**。當然，每家公司的數值也不一樣。

一般而言，大企業的損益兩平點銷貨額比較大，中小企業的損益兩平點銷貨額比較小。掌握自己公司的損益兩平點銷貨額以後，請將之與營收做比較。**「損益兩平點銷貨額 ÷ 營收」的比率愈低，代表企業體質愈容易獲利**。因此，只要試著逐年掌握公司的數值，即可了解公司是否具備獲利體質。

除了損益兩平點銷貨額之外，掌握提高損益兩平點營收所需的A商品銷售數量也很重要，因為**這是知道至少要銷售多少A商品才能獲利的重要數字**——本書中稱之為「損益兩平點銷售量」（BEPQ）。

降低「損益兩平點」的3個方法

我們來想想看要用什麼方法，才能降低損益兩平點（BEP），或者更正確地說，是降低損益兩平點銷售量（BEPQ）吧。

BEPQ是想獲利一定要達到的最低銷售量。對經營者來說，同樣的商品販售一百個可以獲利，與販售五十個可以獲利，這兩種狀態相比之下，哪一種比較受歡迎呢？自然是銷售量較少，也就是銷售五十個即可獲利的狀態，比較受到歡迎吧。

當然，經營者會希望盡可能降低損益兩平點（BEP）與損益兩平點銷售量（BEPQ）。因此我們就來想想看，有什麼**具體的方法可以降低這個數值**？這就

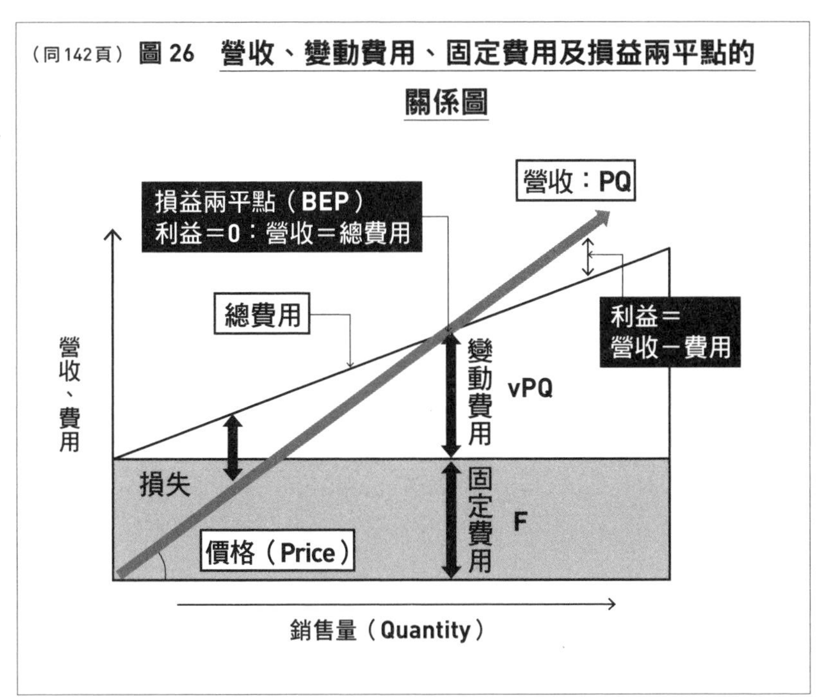

（同142頁）圖26 營收、變動費用、固定費用及損益兩平點的關係圖

是所謂的經營者觀點。

請再看一次前述的**圖26**。如果想要降低損益兩平點，該怎麼做才好呢？損益兩平點是營收線與總費用（固定費用＋變動費用）線的交點。由於**X軸（橫軸）代表的是銷售量，因此只要將這個交點往左（往銷售量變小的方向）移動即可**。

這張圖表是由三條直線所構成。分別是斜向右上方的營收線、橫向的固定費用線，以及斜向右上方的變動費用線。

怎麼做才能讓損益兩平點往左側移動呢？由於直線共有三

條，因此至少可以找到三種方法。之所以說是「至少」，是因為我們也可以將這三種方法組合在一起。這裡先來逐一確認最基本的三種方法吧。

第一種方法是提高營收線的斜率。提高斜率的話，代表損益兩平點的交點部分，就會往左側移動。至於具體可以採取的措施，因為斜率＝商品的單價，所以就可以**考慮提高單價，或是改善折扣措施**。

第二種方法是**降低固定費用**。只要降低固定費用，固定費用的橫線就會往下移動。如此一來，代表損益兩平點的交點部分就會往左移動。這也有幾種方法，像是單純削減固定費用，省去固定費用中不必要的開支；或是將固定費用調整成變動費用，例如從原先由公司自行持有，改為使用時再付費等方式。只不過，一旦將固定費用變更為變動費用，變動費用線的斜率就會變大，使得代表損益兩平點的交點往右側（往銷售量變大的方向）移動。兩者之間的平衡很重要。

第三種方法是**降低變動費用線的斜率**，也就是降低銷售A商品所需支出的變動比率。如此一來，代表損益兩平點的交點就會往左移動。相關的方法例如直接降低進貨價格，或是也可以重新檢視業務流程，省去或整合不必要的作業以減少支出等等。

順帶一提，在「提高價格」、「降低變動比率」這三種方法中，哪一種方法最能夠有效降低損益兩平點呢？

細節暫且省略不提，**效果最好的其實是「降低固定費用」**。優秀的經營者總是希望能降低損益兩平點。換句話說，優秀的經營者最關心的事，就是「降低固定費用」。還請將這一點牢記在心。

具體來說，為了降低固定費用，可以從原先由公司自行持有，**改為委外（外包）即可**。當然，也有很多東西是公司會想自行持有的。不過基本原則就是委託給其他公司，而非自行持有，將之調整為變動費用。然後唯有在營收確定可預期的情況下，才以自行持有＝固定費用的方式確實保留住利益。尤其當企業規模較小的時候更應該如此。

「銷量好的產品自己賣，不確定銷量好不好的商品則交給其他公司去賣」，我們看亞馬遜公司的例子就可以清楚知道，他們非常忠實地執行這樣的策略。亞馬遜在切入新商品類型時，一開始會提供商城的平台，作為各種零售店的銷售仲介。**如果賣得好的話，就會以變動費用的形式支付手續費給零售店**。這麼做雖然會使亞馬遜的利益受限，但風險也相對變小了，因為他們把成本轉為變動費用。

然而，一旦發現某項商品類型的營收確實有所成長，亞馬遜就會自行採購商品並開始自行販賣。**就公司來說，即支出固定費用並承擔風險**。一般而言，經營者都會思考如何避免支出固定費用，不過由於亞馬遜已經透過商城，掌握該項商品的需求或營收展望，因此可以判斷即使轉為固定費用，風險也很小。亞馬遜雖然也很擅長營造出商品物美價廉的形象，但我認為他們是一家真正理解行銷原理原則的公司。

言歸正傳，一般的企業會希望降低固定費用、提高變動費用。而「降低固定費用」正如前文所述，有兩種方法。

一種是直接降低固定費用，省去不必要支出的方法；另一種則是將固定費用調整成變動費用的方法，也就是**變更成只有售出或使用的部分需要支付費用**。

具體來說，就是每使用一次就付費一次，而非由公司自行持有。雲端產業或共享經濟之所以在全世界蓬勃發展，就是因為可以將固定費用轉換成變動費用——它非常符合經營者或「具備經營者觀點」人士的需求。

以ＩＴ產業為例，以往大企業都是自行開發系統、自行保管資料、自行持有運作程式的伺服器。換句話說，活用並持有系統或資料屬於固定費用，這些企業別無選擇。

然而，如今出現了可以將固定費用轉為變動費用的方法，那就是雲端服務。一開始只有基礎架構的部分是服務的對象，不過現在大部分與系統相關的部分都可以搬移到雲端上。因此，許多企業開始活用 Azure 或 AWS 等平台的雲端服務。

雲端服務是「使用多少才需要支付多少」的付費體系。也就是說，可以將以往屬於固定費用的部分轉為變動費用。雲端使用者日益增加，也可以說是一種趨勢大幅改變、由固定費用轉換成變動費用的現象吧。

一開始，只有從經營者觀點做判斷的企業享受到其中的好處。反觀不對此做判斷的企業，往往聲稱雲端服務的安全性不足而阻止變化。不過現在的政府與金融機構不僅將雲端活用於資訊方面，也進一步運用在帳目相關的基礎系統上。顯見**「從持有到使用」或「從固定費用到變動費用」是多龐大的趨勢**。

舉辦提升業務力的研習會能夠回本嗎？

前面我們提到經營者考慮的是「利益」，換言之，他們會**根據投資下去的錢會不會換回更多的收益來做判斷**。假如花了一百萬圓，就希望能夠回收超過一百萬圓，因為這樣才能夠創造利益。

請回想一下第1章以**圖7**為題材的個案分析。最後，我向上司提案建議，召集關西與地方的業務員，舉辦研習會以強化促銷。這或許會是個好的提案。

不過假如立場互換，你是身為業務負責人的上司，情況又會如何呢？舉辦研習會或許有效，不過召集業務員**開研習會，也可能無效**。這是我們亟欲避免的。特別是這次你又接受了召集關西與地方（恐怕離東京總公司很遠）的業務員來舉辦研習會的提案，既花時間又花金錢，倘若效果不如預期的話，實在慘不忍睹。

當然，我們可以用視訊會議等方式舉辦研習會，藉此削減交通費用或往來時間。但即便如此，若從上司的觀點來思考，由於缺乏判斷用的資訊，因此也有可

（同53頁）

圖7 不同地區與商品的業務成績

單位：萬圓

	達成狀況	合計	商品A	商品B
首都圈	🚩	3,800	2,150	1,650
關西	🚩	1,680	1,140	540
東海		1,120	700	420
地方	🚩	3,900	2,850	1,050
合計	🚩	10,500	6,840	3,660

※「地方」指的是北海道、東北、北陸、甲信越、中國、四國、九州等地區

能難以輕易說YES。

換句話說，就業務負責人的心理來說，難免會想：「舉辦研習會固然很好，不過會有多少效果呢？」或者希望大略知道：**「這筆投資能否獲得相應的成效？」**

身為業務負責人的上司並不是笨蛋，不會覺得自己能夠正確掌握所有事情，但還是希望大致了解一下。我之所以一再強調「大致即可」，是**因為幾乎所有人都不會用數字來說明**。

這時，假如你能給出像以下

這段答覆，是不是會比較好呢？

「目前已知與首都圈相比之下，關西與地方的B商品基本企劃營收，每人每月平均少了六十萬圓。如果在這次參加研習會的業務員中，有一半的人有效果的話，結果會變得怎麼樣呢？由於關西的業務員有六人，地方的業務員有十五人，因此每個月可預期增加的營收大約是六百萬圓。

〈舉辦研習會之後，可預期的營收增加金額（每月平均）〉

（6人＋15人）×50％×60萬圓≒600萬圓

這個數字若以五月份的營收一億零五百萬圓為基準來思考的話……

〈舉辦研習會，可預期的營收成長率〉

600萬圓÷1億500萬圓≒6％

這樣一來，就能超過當初設定5％的目標。重點有兩個：第一，是能不能找到可改善之處，來彌補與首都圈相差的那六十萬圓；第二，是在舉辦研習會的時候，能不能夠製作出讓半數參加者都能獲取成效的內容。關於這兩點我會再仔細評估，屆時是否能請您事先幫忙確認呢？」

若能向業務單位提出這樣的說明，是不是比較好呢？你可以請負責企劃研習會的B商品企劃負責人評估，有沒有辦法製作出能使營收增加到這種程度（能夠使半數參加者每月增加六十萬圓營收）的研習會企劃內容。

在推算每月增加六百萬圓營收效果（Return）的同時，還需要**確認必須為此投資**（Investment）**多少錢**。

舉例來說，假設交通成本分別是：關西的業務員每人平均三萬圓、地方的業務員每人平均五萬圓好了。

〈合計交通成本〉

關西：3萬圓×6人＝18萬圓

地方：5萬圓×15人＝75萬圓

合計：93萬圓

此外，他們為了參加研習會，也會有一天不能跑業務。若用五月份的營收來計算平均一天的業務損失：

〈合計一天的業務損失〉

關西：當月營收1680萬圓÷當月營業天數20天＝84萬圓

地方：當月營收3900萬圓÷當月營業天數20天＝195萬圓

合計：279萬圓

〈交通成本與業務損失額的合計（關西＋地方）〉

（交通成本）93萬圓＋（營收減少）279萬圓＝372萬圓

由於營收估計會增加六百萬圓，因此投資報酬率就是「報酬600萬圓÷投資372萬圓」＝161%。換句話說就是，投資三百七十二萬圓能增加六百萬圓的營收，所以投資報酬率是161%。

161%這個數字表示報酬比投資多出61%，因此是正面的數值。然而我們先冷靜思考一下，投資下去的三百七十二萬圓這個數值是「真實」的數值。之所以強調真實，就是毫無疑問會支出的成本。另一方面，**報酬的數值只不過是推測或期望而已**，也有可能是空頭支票。如此一來，上司自然會猶豫要不要舉辦這場研習會。

那麼，**如果是採用視訊會議的方式舉辦呢?**由於不用花交通時間，跑業務的時間限制可以減半，因此損失的營收變成兩百七十九萬圓的一半，也就是約一百四十萬圓；交通成本的九十三萬圓也不需要支出了。

但是視訊會議的效果或許會稍微減少。營收部分的效果如果也打折，估計是600萬圓×90%的話，就會變成五百四十萬圓。如此一來，在舉辦視訊會議的情況下，投資報酬率就是「報酬540萬圓÷投資140萬圓」＝約3.9倍。將近四倍的投資報酬率，可以說是相當高的吧。如果是這樣的話，說不定就能判斷可以舉辦研習會。

除此之外，研習會的營收效果**估計會持續一段期間，而非暫時性的**，假如未來半年都有成效的話，「報酬540萬圓×6個月」＝3240萬圓。那麼投資報酬率就會是「3240萬圓÷投資140萬圓」＝約23倍。這樣的話，身為業務負責人的上司，是不是就能夠判斷一定要舉辦研習會了呢？

前述的計算也只用到四則運算而已。是不是光靠四則運算，就更容易判斷要不要舉辦業務研討會了呢？

像這樣要在短時間內掌握數字時，「費米推定」就能派上用場。我再強調一次，費米推定是活用四則運算提升工作水準的有效方法之一。

那筆費用究竟是「投資」還是「成本」呢？

本章開頭提到，**經營者會用利益審視事物**。他們會用投資報酬率，也就是用報酬除以投資所得的數值，來判斷要不要進行一項投資。

舉例來說，當ROI在一倍以下的時候，表示報酬比投資還小。而那樣的措施毫無意義，因此絕對不會採行。當然，ROI超過一倍是必須的。

不過實際上，企業採行的措施不如預期的情況也不在少數。因此，ROI也必須將一項措施執行不順時的風險性考慮進去，將數字打折才行。比方說，在計算時再乘以五成的**「風險率」**。如果ROI的數值是兩倍、風險率為五成的話，那麼ROI＝2×風險率（0.5）＝1。

附帶一提，企業所支出的金錢、費用，主要可分成兩大類：投資與成本。我們必須理解這兩者的差異，來進行費用的控管。投資是可以計算報酬的費用；成本是無法計算報酬的費用。**正確來說，成本其實是「你沒有在計算報酬的費用」**。

如前文所述，投資是根據ROI，也就是根據投資與報酬的比率，來決定要不要執行某項計畫。另一方面，成本則是報酬「不明確」的支出，因此有必要盡可能地將它最小化。不用說，一個優秀的經營者在報酬不明確的支出上都不會想花任何一毛錢。

前面寫到，成本正確來說其實是「你沒有在計算報酬的費用」。這當中也隱含著一個意思，就是或許有其他比你優秀的人能夠計算出報酬。有可能只是因為你懶惰，或受限於先入為主的觀念，無法想像出實際的報酬，而在這些因素交互影響下，沒能明確計算出報酬而已。

我曾在一家教育訓練公司擔任經營企劃人員。當時我提案建議，將參加過業務研習的人，在研習前後有多大程度的效果（具體來說就是因此增加了多少營收）化為明確的數字，並將之使用在業務資料中。事實上，那家公司的業務研習效果很好，聽講者在研習前後平均能提升10％左右的營收，這是非常大的成果。然而，許多人都反對提出這個數值。

反對的理由如下：本來會參加業務研習的人，就是精挑細選出來的人，他們能夠善加運用研習的機會，所以業績提升是理所當然的。此外，除了研習之外，其他讓業績提升的因素也很重要。每個人負責的顧客、市場、銷售商品與同業商品的相對競爭優勢狀況等等，都必須考慮在內。

所有人爭相附和。前述的10％**只代表有相關關係，但無法確定是否存在因果關係**。由於有可能是不正確的，因此大家不想在業務資料中提及。我認為這樣的見解完全正確。

然而，有一家同業外商公司卻在他們的宣傳中提到，參加他們業務研習前後的績效成果「提高了5%」。當然，他們確實整理出明確的樣本，並註明這是相關關係而非因果關係。

我前面一再複述，**經營者是以投資報酬率作為判斷的標準**。實際上參與研習與10%業績之間存在相關性，卻沒有列示在資料中，相較於列示出「聽講者提高5%營收」的資料，哪一份宣傳資料在客戶企業內比較容易獲得批准呢？

只要參加那家同業公司的研習，即可計算出報酬是「聽講者的人數×平均營收×5%」。聽講者的人數×業務研習聽講費與業務研習參加天數所造成的營收機會損失，就是「投資」。與這個數字相比較再乘上風險率的話，就能夠判斷該不該參加同業企業的業務研習。

然而，我任職的公司的業務研習正如前文所述，效果雖然高於同業公司，卻未將效果列示出來。如此一來，**企業在考慮要不要導入時，就會將之視作成本而非投資**。像這樣明明投資報酬率很高，卻未明確提及的情況所在多有。我真心感到可惜。

再次強調，費用可分成投資與成本兩大類。各位在使用費用時，建議**盡可能**

將效果可視化，並養成確認ROI的習慣。針對這個部分，55頁說明的費米推定，也是很有效的思考法。

2 二軸思考法

用「二軸」來整理各種資料

好的，從這裡開始我們稍微變更一下主題吧。我想簡單分享一下我的經驗，將之作為「用數字思考」的應用篇。

在思考事物時，我經常用二軸來思考。

我在二〇〇二年獲得一個機會，可以前往法國歐洲工商管理學院（INSEAD），參加行銷實務課程。其實我原本預定在前一年的九月底，到美國西北大學參加行銷大師科特勒（Philip Kotler）教授所主辦的行銷課程，但由於美國爆發九一一事件，因此瑞可利禁止所有人到美國出差。受到事件影響而改變目的地的我，便選擇轉往位在法國的歐洲工商管理學院。在那之前，我從未聽過那所學校。

不過，這個機會讓我能夠重新學習行銷的基礎，尤其我因此學到用二軸表現各種資料的重要性，實屬幸運。只**要用適當的二軸表現適當的資料，事實就會浮現在你眼前**。緊接著，就來介紹其中幾個範例吧。

顧客滿意度與忠誠度

一般來說，只要提高顧客滿意度，營收就會增加。兩者之間似乎存在相關關係，同時好像也有因果關係。換句話說，只要提高顧客滿意度，顧客忠誠度（回購意願）就會提升。

提高顧客滿意度↓忠誠度（回購意願）提升↓實際再次購買。以結果來說，顧客終身價值會提升↓進一步成為「傳教士」（主動幫忙宣傳商品）——我們可以期待這樣的發展。到了這個階段，顧客會為你帶來更多顧客，因此行銷成本會降低，企業收益率則會大幅提升。這是非常重要的想法。

圖 27　顧客滿意度與忠誠度（回購意願）的相關性

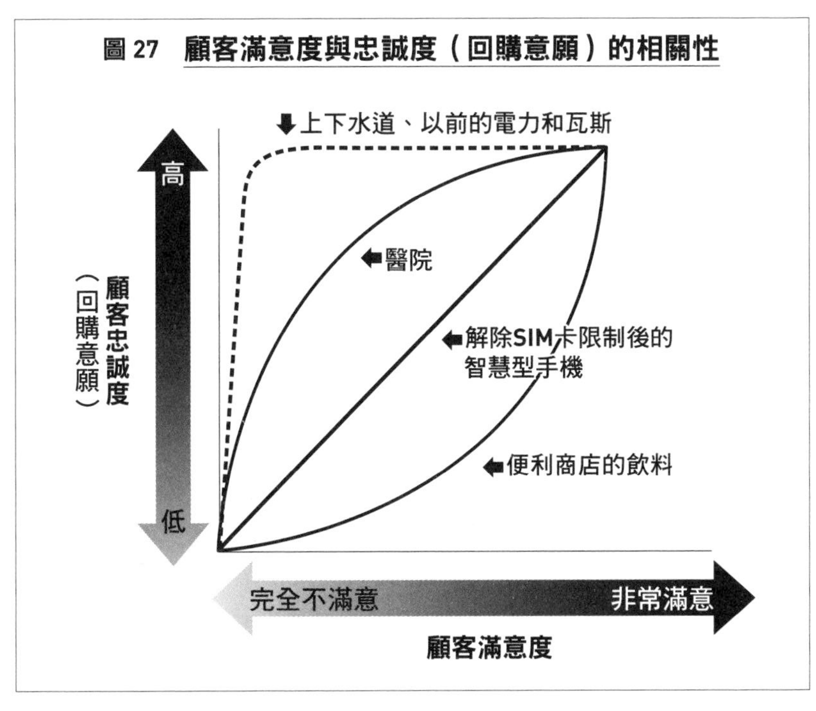

當時的我，對此盲目地深信不疑。不過**在實際情況中，其中的相關性是有強弱之分的**。為了理解這件事，我們試著用二軸來思考看看。

具體來說，就是以顧客滿意度與忠誠度（回購意願）作為二軸，試著按照商品進行繪圖。**圖27**即為一例。

觀察這張圖會發現一件有趣的事。隨著顧客滿意度提高，忠誠度確實也會提升，不過兩者之間的相關性，也明顯可以分成幾種類型：一種是即使顧客滿意度提高，忠誠度的數值也不太會提升的類型；另一種則相反，也就是即使顧客滿意度雖低，但忠誠度還是很高的類型。

兩者的差別究竟是什麼呢？**差別就是商品本身是否難以替代？**

若用行銷術語來說，就是「轉換成本」高或低。轉換成本高的商品，就是替代品很少的商品，或者即使有替代品，也要花非常多工夫或成本才能更換的商品。

住家的自來水就是典型的例子之一。就算你對自來水有什麼不滿的地方，要對其進行更換也很費工。替代品應該包括自己牽水管、去河邊汲水回來，或是花錢買水等等，這些都是難以選擇的方案。

換句話說，如果是這種難以替代的產品或服務，**企業即使不提高顧客滿意度，顧客也會持續購買該公司的商品（例如自來水）**。在這種情況下，企業就很難產生提高顧客滿意度的動機。近年來，有人開始討論要將自來水事業的一部分民營化。對此感到擔憂的人們認為，由於生活用水沒有替代品，因此民營化以後，將來即使漲價也沒有其他選擇，他們擔心未來可能必須承受任何不合理的漲價。

一直到前一陣子為止，電力或瓦斯等基礎建設相關商品也是如此，沒有任何替代品。然而，當電力與瓦斯開始自由化以後，顧客的選擇性增加了。雖然現在商品之間的差異很小，不易分辨，但隨著時間經過，假如顧客滿意度持續低迷的話，或許忠誠度就會降低，顧客很輕易就轉換到其他競爭企業去。

反之，有哪些商品是顧客滿意度稍微下降，忠誠度也會隨之降低的呢？答案就是轉換成本低的東西——只要對商品稍有不滿，就會立刻改用競品。**可以在便利商店買到的商品**，就是其中的代表吧。不知道各位有沒有過這樣的經驗？本來打算購買某種飲料，結果發現平常陳列的架上沒有那項商品，所以就改買其他類似商品。即使對商品本身沒有任何不滿，但只因為無法立即買到那項商品，忠誠度馬上就降低了。

過去日本的手機公司對於解除ＳＩＭ卡限制很抗拒，因為一旦解除ＳＩＭ卡限制，顧客很容易就跳槽到其他品牌的手機，也更容易利用那些廉價的手機。也就是說，由於轉換成本降低了，因此**只要顧客滿意度稍微下滑，忠誠度就會隨之下降。**

基本上，商業競爭環境只會日益嚴苛，因此**圖27**的線條會由左上方那側往右下方那側移動。對消費者來說，選擇變多是一件令人樂見的好事，不過對身為供給方的企業來說，市場上的競爭卻會愈來愈激烈。

畫出兩條線來思考

所謂「試著用二軸思考」，意思就是「試著畫出兩條線」。關鍵在於建立一個座標軸，並想像當想法製作成圖表之後，會變成一幅什麼樣的「畫」。其次，是**思考如果變成那樣一幅畫，它又擁有什麼樣的意義**。只要能達到這個步驟就很好了。建立好假說並製作出圖表，就能夠進行驗證。

當然，有時繪製出圖表以後，你會發現這與自己想像中的大異其趣。即使如此，那也能讓我們明白，原來事情並不如我們所想像的那樣。好處是從下一次開始，就不必再討論這個假說。

附帶一提，兩條線的畫法有兩種：第一，是像一般圖表一樣分別畫出縱軸與橫軸；第二，是畫成十字。

前者畫成圖表的情況，是讓兩個變數的關係（主要是相關關係）清楚顯示出來；後者畫成十字的情況，則是區分成四個象限，讓特徵更明確。比較有名的像是安

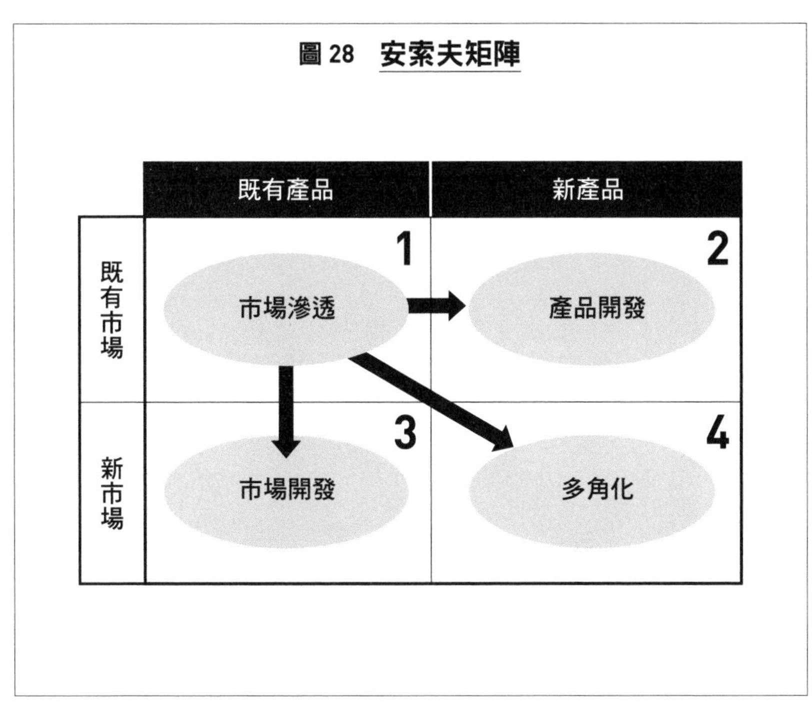

圖 28　安索夫矩陣

索夫矩陣（Ansoff matrix）、產品組合管理（PPM）等等。安索夫矩陣如**圖28**所示，它將兩個軸設定為產品軸與市場軸，並個別分類為「既有」與「新」。如此一來，就能分類成四個象限。圖中已標示出每個象限的代表性成長策略。

舉例來說，第一象限是「既有市場×既有產品」，此處的成長策略就是市場滲透；第二象限是「既有市場×新產品」，此處的成長策略就是產品開發；第三象限是「新市場×既有產品」，此處的成長策略是市場開發；最

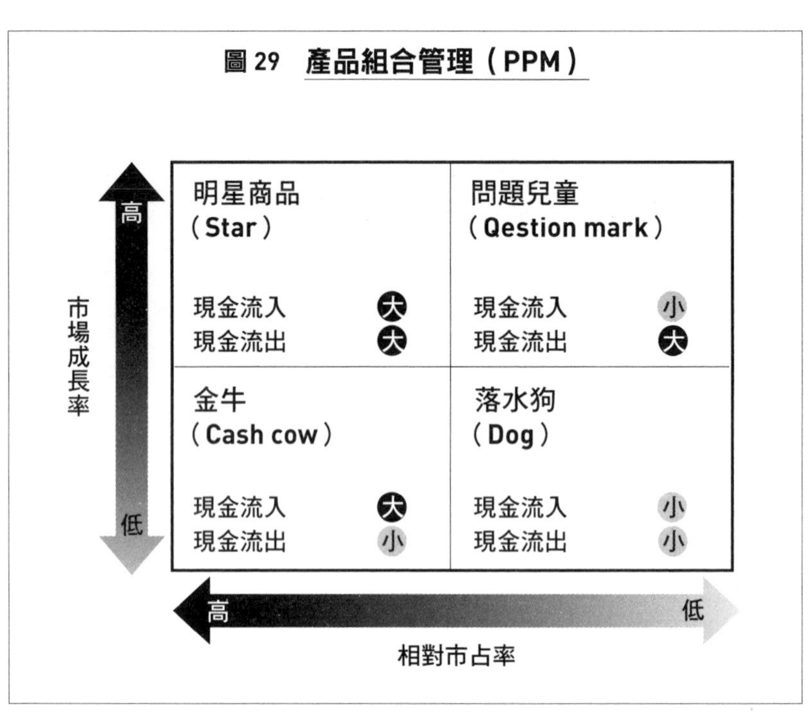

圖29　產品組合管理（PPM）

後的第四象限是「新市場×新產品」，此處的成長策略則是（狹義的）多角化經營。

至於PPM是Product Portfolio Management的縮寫，它是由波士頓顧問公司（BCG）所提出的架構。如**圖29**所示，其中一軸是以市場成長率反映產品生命週期；另一軸則是以相對市占率反映經驗曲線效應，再將產品放進四個象限中，然後分別標示出該如何分配經營資源。

位於「市場成長率高×市占率低」象限的產品，被分類為**「問題兒童」**，意思是它雖具備可能性，但若要賭一賭那個可能性，一定得加以投資才行。

「市場成長率低×市占率低」的產品，被分類為**「落水狗」**，應該要考慮撤退；「市場成長率高×市占率高」的產品，被分類為**「明星商品」**，就是獲利多得不得了的產品；最後是「市場成長率低×市占率高」的產品，它被分類為**「金牛」**，這類產品應該盡量縮小投資並放大利益，然後將獲利投資到其他類型的產品上，例如問題兒童或明星商品。

只要像這樣找到合適的軸，即可一口氣解決課題。我們來看看幾個範例吧。

營業額與利益率

接下來，是將營業額與利益率繪製成散布圖的**圖30**。這張圖淺顯易懂地呈現出我在調查建築公司時取得的資料。當時我想了解的是：隨著營業額增加，**也就是隨著規模擴大，利益率會如何變化**。

照理來說，建築公司屬於承攬業，應該不容易倒閉才對，但這種情況卻仍時有所聞。我想要找到問題出在哪裡。只要找出**「營業額」與「利益」這兩條簡單的座標軸，對於建築業的狀況便能一目了然。**

在此也說明一下日本訂製住宅的商業模式。如前文所述，建造訂製住宅的公司基本上是一種不容易倒閉的商業模式，因為業者會按照顧客的需求進行估價，在這個基礎上加上利潤後再向顧客請款。如果操作得當的話，一定能夠創造利益。然而，過程中卻會遭到某些力量的阻礙，其一就是**競爭**。規模較小的公司很容易被捲入同業的競爭當中，縮小它們可賺取的利益。

此外，訂製住宅或房屋翻新是**很容易被客訴的產業**，最後支出的成本有時也會超出估價；因此小公司的利益率較低。只有隨著公司規模的擴大，利益率才會有所提升。

只不過，當我試著按照這些資料繪製圖表，卻發現中等規模的建築公司，其利益率也不高。

其中主要有兩個原因：第一，是**一旦公司規模擴大，間接成本就會增加，例**

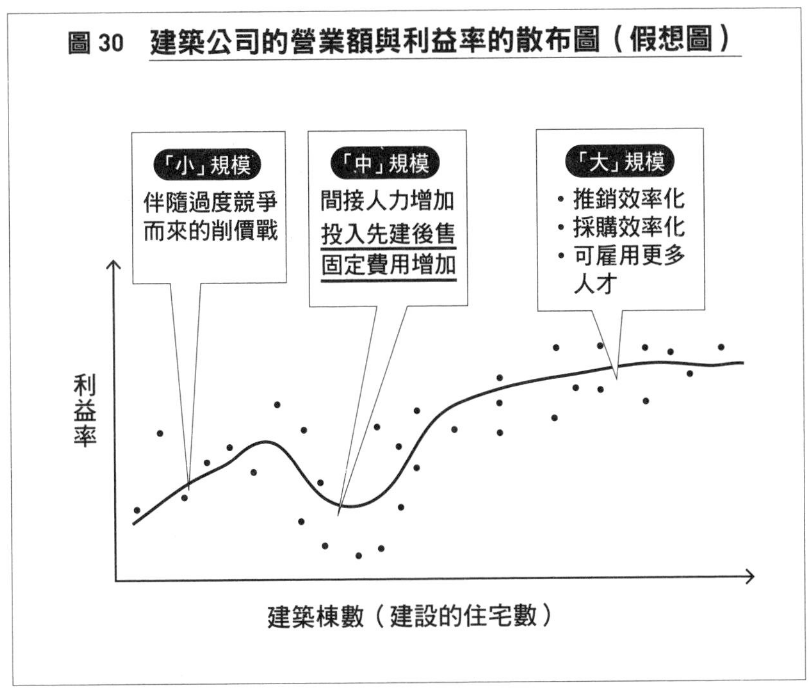

圖 30　建築公司的營業額與利益率的散布圖（假想圖）

如總部的員工人數。擴編之後所增加的間接人力，會導致利益率下降。

第二，有一部分的公司除了原本的訂製住宅業務之外，還會投入先建後售的住宅事業。這是因為**訂製住宅需要反覆與顧客碰面討論，過程十分麻煩，因此利益率絕對不算高**；而先建後售的住宅則不需要與顧客討論，只要自行決定好格局樣式，把房子蓋出來即可，這也可以省去一些材料費。只要順利購入土地，房子賣得好的話，利益率就會提高。

從訂製住宅業者的角度來

看，先建後售的住宅事業似乎可以輕鬆賺到錢，**不過事情可沒這麼簡單**。從購買土地到實際售屋之前會有一段時間差，這段期間業者也必須負擔利息，推銷時也必須支出一筆推銷費，在某些情況下還必須要讓利出售，風險比訂製住宅還高。

從**圖30**可知，中等規模的建築公司利益率很低。這種規模的公司隱藏著倒閉的風險。但是當公司**規模更進一步擴大的話，就能對這些風險加以管理，進而提升利益率**。只要將營業額與利益率繪製成散布圖，就能像這樣獲得對未來交易有幫助的考察。

客戶交易金額排序與累計利益率

我們再回頭看一次第2章的**圖20**，這張圖的橫軸是按照顧客交易金額的大小去排序；縱軸則是累計利益率。雖然每家公司的情況不同，但從這張圖可以看出兩件事：第一，交易帶來虧損的顧客其實比預期的還多；第二，八成以上的利益事實上是由兩成左右的顧客所貢獻的。

也就是說，特定的顧客群貢獻了大部分的營收，創造出大部分的利益。我們

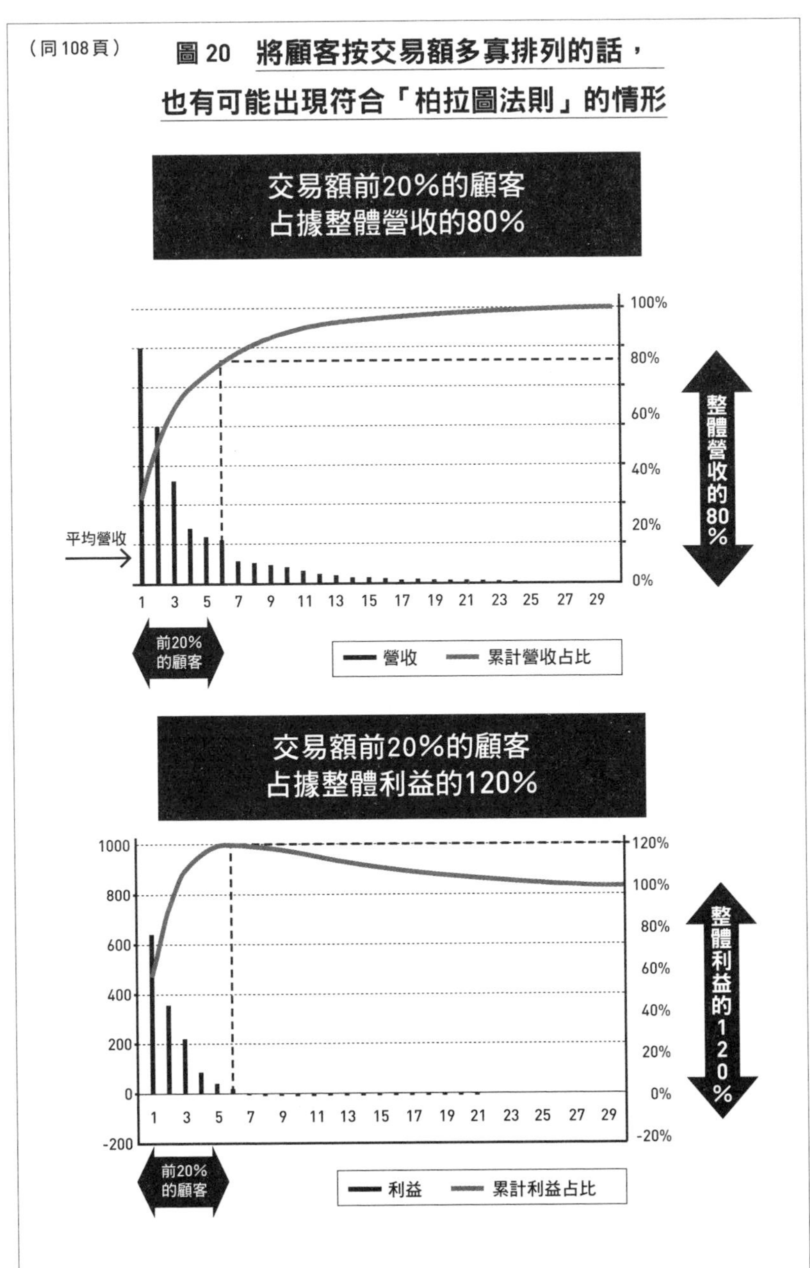
（同108頁）
圖20 將顧客按交易額多寡排列的話，
也有可能出現符合「柏拉圖法則」的情形
交易額前20%的顧客
占據整體營收的80%
100%
80%
60%
40%
20%
0%
整體營收的80%
平均營收
1 3 5 7 9 11 13 15 17 19 21 23 25 27 29
前20%的顧客
營收
累計營收占比
交易額前20%的顧客
占據整體利益的120%
1000
800
600
400
200
0
-200
120%
100%
80%
60%
40%
20%
0%
-20%
整體利益的120%
1 3 5 7 9 11 13 15 17 19 21 23 25 27 29
前20%的顧客
利益
累計利益占比

需要針對那些造成虧損的顧客群進行詳細分析，其中又**必須區分成不良的虧損顧客與策略性的虧損顧客**。所謂「不良的虧損顧客」，就是提供過度折扣或服務的顧客群；「策略性的虧損顧客」則以新交易顧客為代表，他們是可以期待未來交易量會增加的顧客群。

此時，不妨在虧損顧客的名單上加入「交易期間」的資料，一家一家地進行確認。過去在交易量大的時候，曾對其實施的服務或折扣，到了交易量減少而造成虧損的現在，卻依然維持原本的方案——對於這樣的顧客群，決定如何去因應並加以處理是很重要的。

高績效者與低績效者的年齡與薪資

圖31是由橫軸的「年齡」與「縱軸」的薪資所組成的圖表。圖中很標準地點出了人們晉升中階主管與高階主管時的年齡與當時的薪資。

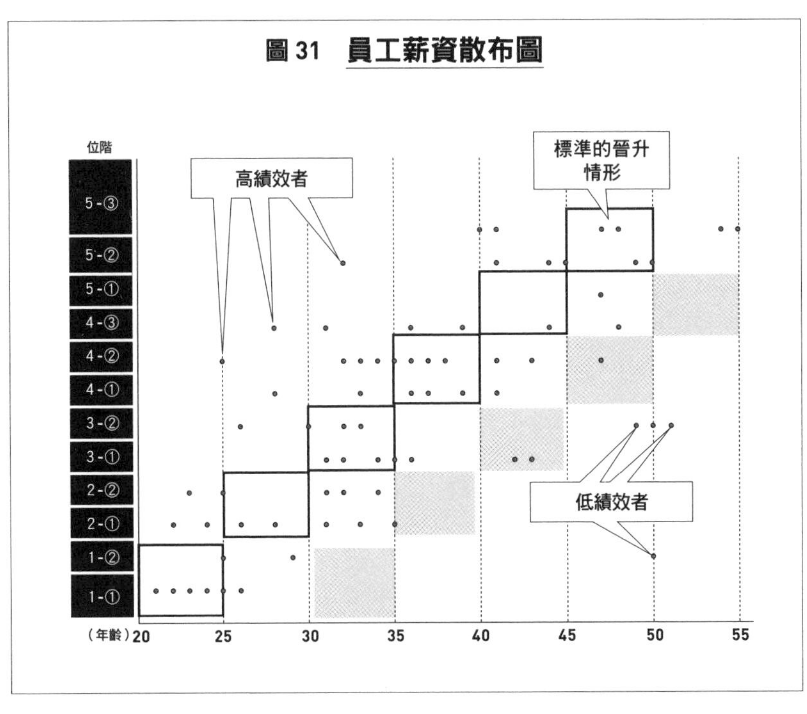

在由左下往右上攀升的方框以上的人，可以說是晉升速度較快的「高績效者」組。

反之，在方框以下者的晉升速度較慢，其中大幅落後者更可以說是過去績效較低的「低績效者」組。

雖然光看這張圖表來區分高績效者或低績效者稍嫌粗淺了些，但以能夠簡單完成的第一手資料來說，應該也具備一些參考價值。

3 喚醒你的數字腦

學會解讀數字，就能掌握景氣脈動

日本擁有豐富的統計數據。只要知道到哪裡能取得哪些數據，或知道那些數據的概略數字，**就能提高費米推定或假說力的準確度**。假說力的準確度愈高，提出相應對策的準確度也會愈高。以結果來說，你的賺錢敏銳度也會有所提升。

在掌握企業相關數據的時候，日本經濟產業省的網站很方便。比方說，有一份資料是「平成二十八年（二〇一六年）經濟普查暨活動調查之產業橫斷式統計」。這是平成三十年（二〇一八年）六月公布的資料，可以知道與前一次的平成二十三年（二〇一一年）調查資料的比較結果。以下我們就來確認其中幾項比較關鍵的數據吧。

首先是與**企業營收相關的數字**。平成二十八年的日本企業營業額（收入）約為一千六百二十五兆圓（比平成二十三年＋22％）。由此可知，**與五年前相比大約增加了兩成**，平均計算下來就是每年營收增加了4％。

同樣的，日本企業的附加價值額約為兩百九十兆圓（比平成二十三年＋18％）。計算下來，附加價值額每年增加超過3％。這是相當厲害的數字對吧。

附帶一提，這次資料中的「附加價值額」，是營業利益加上人事費用與租稅公課（稅金或公共分擔費用）。

在進行產業間的比較之際，附加價值額與營業利益的差額，主要出自雇用者報酬（人事費用）。若將產業區分為「勞動密集型」、「資本密集型」與「知識密集型」，那麼資本密集型（製造業）的附加價值額與營業利益的差額較小；勞動密集型（照護、教育等）由於勞動分配率（薪資總額占附加價值額的比重）高，因此與營業利益額相比之下，附加價值額會相對較高。

比方說，教育產業就是附加價值額高的產業，因為這是屬於勞動分配率雖高，但勞動生產力並不高，即雇用許多低薪勞工的勞動密集型產業。此外，照護產業也可以見到同樣的趨勢。

另一方面，知識密集型（資訊及通訊科技、專業服務等）的工作者是附加價值的來源，有勞動生產力（平均每位員工的附加價值額）增加的趨勢。

接著，按產業別檢視營業額前三名的產業，第一名是批發零售業的五百兆圓；第二名是製造業的三百九十六兆圓；第三名是金融保險業的一百二十五兆圓。這**前三名的產業就占了超過六成的比重**。此外還可知道，所謂的第三產業（日本的金融保險、運輸、通訊、零售等服務業）約占七成左右。

若檢視營業額一億圓以上的企業數量可知，批發零售業超過二十萬家，建築業與製造業分別超過十一萬家。

若以附加價值額來比較的話，製造業是六十九兆圓、批發零售業是五十四兆圓、建築業是二十一兆圓，從這個數字可以知道，**排名前三的產業占所有業種將近五成**。

接下來看一下企業數、事業單位數與員工人數。企業數是三百八十五萬家

（比平成二十四年二月－6．6％）；事業單位數是五百五十八萬個（同前－3．3％）；員工人數是五千六百八十七萬人（同前＋2％）。由此可知，企業數與事業單位數雖然減少了，但員工人數卻增加了。

比較日本的都道府縣的話，東京有六十八萬個事業單位；大阪有四十二萬個事業單位；愛知有三十二萬個事業單位。**前三名都府縣就占了總數的四分之一**，可見很多營業單位都往東名阪這三大都市圈集中。若與平成二十四年比較的話，在全日本四十七個都道府縣中，實際上有四十五個的事業單位數都減少了。增加的只有宮城＋3．9％與沖繩＋0．5％這兩縣而已；減少率較大的包括熊本－6．5％，京都、和歌山的－5．7％。

再看到員工人數，**批發零售業有一千一百八十四萬人，占了20％**。也就是說，每五個人裡面就有一人從事批發零售業；第二多的是製造業八百八十六萬人，有15％以上的人從事製造業；第三名是醫療福祉業的七百三十七萬人，占了13％。由此可知，約有五成的人從事這三種產業。

前述的概要都彙總在**圖32**中。

圖 32　日本產業概要彙總

全日本的產業

・營業額 1,600 兆圓，比 5 年前 **增加2成**

・附加價值額約 290 兆圓，
比 5 年前 **增加將近2成**

產業別

營業額

・批發零售業 500 兆圓
・製造業 396 兆圓
・金融保險業 125 兆圓

⇒ 前三名占了全體的六成以上。

營業額 1 億圓以上的企業數

・批發零售業 20 萬家
・建築業、製造業各 11 萬家

附加價值額

・製造業 69 兆圓
・批發零售業 54 兆圓
・建築業 21 兆圓

企業數	事業單位數	員工人數
390萬家企業	560萬個事業單位	5,700萬人

※ 資料來源：「平成 28 年経済センサス・活動調査／産業横断的集計」より

再次強調，只要知道這些數字或知道取得資訊的方法，就能提高「費米推定」的準確度。除此之外，也可以驗證偶然取得的資料是否正確。

如何用「構成比」去比較同業之間的損益表？

前文稍微觸及了跟日本企業有關的概略數字，接下來要介紹的是企業之間互相比較的方法。如前文所述，**「比較」是非常有效的方法。圖33的上表**揭露了兩家公司的損益表，其中令人驚訝的是「相同業界的差距竟能如此分明」。這裡的業界是指地圖業，這兩家企業各位應該都有耳聞過。A公司有大量的盈餘，B公司則有相當多的虧損。事實上，A公司持續增收增益，即營業額與獲利都增加；相對的，B公司則是減收減益。

不過若只看實際數字的話，比方說兩者的營收規模約有六倍（61,332÷9,158）的差異，這樣很難進行比較對吧。因此，我們可以試著用這兩家企業損益表的各個項目相對於營收的**「構成比」**來進行比較。最後的結果就揭露在**圖33的下表**。

這樣是不是就可以很清楚地知道，像這樣用構成比來進行比較，就更容易掌握營收規模不同的兩家公司了？

我們從這張損益表的最下方開始看起：A公司的本期淨利是6％，B公司是負19％。差異為二十五個百分點，令人幾乎不敢相信它們是來自同一個業界。其中八個百分點的差距，已知是來自B公司的「非常損失」。由於是非常損失，因此可將之視為是只有今年才出現的一次性損失。

再往上的經常利益、營業利益與營業毛利，這兩家公司的差距約為二十個百分點。由此可知，**兩者利益的差異是來自於成本的差異**。

因此，B公司必須著手改善的部分就是「削減成本」。

由於這些數字很有意思，所以我進一步去看了兩家公司的財務報告。

這兩家公司雖然都靠地圖賺錢，但A公司占營收八成的地圖資料庫事業是處於增收增益的狀態，財務報告上所提出的理由是「日本國內汽車導航資料的銷售情況良好」。

另一方面，B公司營收的一半是來自市售出版品，而這一塊的營收正在減少。而且財務報告中也寫到，「在占了將近三成的電子營收中，簡易型汽車導航

圖 33　試著用「構成比」來比較同業之間的損益表

兩家地圖業界公司的損益表

	A公司	B公司
營業收入	61,332	9,158
營業成本	35,345	7,093
營業毛利	25,986	2,065
管銷費	20,544	3,193
人事費用	11,776	1,499
營業利益	5,441	-1,060
營業外收入	507	112
營業外支出	86	69
經常利益	5,863	-1,018
非常利益	15	2
非常損失	52	713
稅前淨利	5,526	-1,728
本期淨利	3,447	-1,768

以相對於營業收入的構成比來做比較，問題點就會明確浮現出來

	A公司	B公司	相差
營業收入	100%	100%	0pt
營業成本	58%	77%	▲ 20pt
營業毛利	42%	23%	20pt
管銷費	33%	35%	▲ 1pt
人事費用	19%	16%	3pt
營業利益	9%	-12%	20pt
營業外收入	1%	1%	0pt
營業外支出	0%	1%	▲ 1pt
經常利益	10%	-11%	21pt
非常利益	0%	0%	0pt
非常損失	0%	8%	▲ 8pt
稅前淨利	9%	-19%	28pt
本期淨利	6%	-19%	25pt

系統相關的營收減少」。可見**對於同樣的汽車導航事業，業績也有天壤之別**。

此外，關於本期的業績目標，A公司與B公司都宣稱要達到增收增益。尤其B公司還說要將成本改善十一個百分點，力求轉虧為盈。

然而，這一期開始以後，到了第三季將結束的年底，B公司卻宣布說要下修當初的目標。儘管營收微增且獲利比前期改善，但預估的損益依然還是虧損狀態。同時，他們也宣布要裁撤將近兩成的員工。

從**圖33**的下表即可得知，B公司的人事費率並不高，因此這項措施的效果恐怕有限。比起裁員，進一步削減成本才是更重要的事。反觀A公司前兩季皆創下獲利新高，有望達成業績目標。

只要比較同業兩家公司損益表（P／L）各科目相對於營收的構成比，再加上各自財務報告書上的定性資料，就能夠想像他們發生了什麼事，不曉得各位是否都理解了呢？

「富爸爸」勝利的理由

各位知道托瑪・皮凱提（Thomas Piketty）的《二十一世紀資本論》嗎？因為曾掀起話題熱議，所以或許有不少人已經聽過或讀過這本書了。該書介紹了一個很有名的不等式。

r＞g

r是資本報酬率，g是經濟成長率。

簡單來說，這是一個證明**在資本主義下，有錢人會愈來愈有錢，窮人則會永遠貧窮**的不等式。

在此稍作說明。r的資本報酬率就是投資人或地主透過股票、投資信託、不動產等投資可獲得的報酬率，大約是以4～5％的年化報酬率在成長。

另一方面，g是上班族或銀行職員透過勞動所能獲得的薪資成長率。同樣概算下來，每年大約是以1～2％的成長率在增加。

這件事本身似乎可以憑直覺想像出來，不過皮凱提最厲害的地方是，**他搜集了從一八〇〇年代起，總共兩百年、多達二十國以上的數據，包含GDP出現以前的數據在內，就是為了用來佐證這個主張**。

能夠持有大量股票或公寓等不動產的人，一般來說都是有錢人。因為過去兩百年來都是「r＞g」，所以愈是能夠投資的有錢人，愈有機會變得更有錢。反觀沒有足夠資金可以投資的勞工，則會永遠活在貧窮裡，這個式子反映出如此殘酷的現實。

也就是說，擁有財產的父母如果把財產代代相傳給子孫，那麼後代子孫只要把繼承到的錢再拿去投資，就算平常不工作，錢也會自動增加，與沒有本金的勞工之間的差距就會愈來愈大。這樣一來，揮灑汗水拚命工作只會變成一件愚蠢的事——人們出生時的條件決定了未來在經濟上是否幸福。

若從機率論來說的話，這個式子也淺顯易懂地反映出，長期投資在股票、投資信託、不動產等標的上比較有利的不等式。

說個題外話，我在研究所時期專攻材料物性學，其中有兩個專有名詞叫「奧斯瓦爾德熟化」與「奧斯瓦爾德半徑」。其概念是：在特定溫度下，超過奧斯瓦爾德半徑的粒子會吸收周圍的粒子，變得愈來愈大；反之，小於奧斯瓦爾德半徑的粒子則會接連附著上去。

我一看到皮凱提的不等式，就想到奧斯瓦爾德半徑——持有超過一定程度資產的人，會愈來愈有錢。

我曾聽過一個**「錢很怕寂寞」**的故事：錢因為太害怕寂寞，所以不會只有孤零零的幾張鈔票，而是會聚集到有很多錢的地方去。這與皮凱提出的理論如出一轍。

言歸正傳，能夠知道這種經濟不等式，或許也會成為你思考某些想法的契機吧。

專欄

減肥與數字

說到「減肥與數字」會讓人聯想到的，就是作家岡田斗司夫在二〇〇七年出版《別為多出來的體重抓狂：絕不復胖！筆記瘦身法》一書後，紅極一時的「筆記瘦身法」。據說他靠著這套方法，從原本將近一百二十公斤，成功地減掉五十五公斤。這套筆記瘦身法就如字面之意，是一**套只要靠記錄就能瘦身**的方法。

儘管這本著作已經出版超過十年，依然還有許多支援這套方法的應用程式存在。我想大眾已經接受了這種只要記錄飲食就能減肥的簡單瘦身法。這也是所謂**「可視化」**的一種體現吧。

一開始的步驟就是先做記錄，包括記錄飲食的內容、用餐的時間，以及體重。**一旦經過「可視化」，問題就更容易掌握**。套用在工作上也是同樣的道理。

比方說，「吃很多油膩的東西」、「吃很多零食」、「睡前吃東西」等等，在注意到這些問題的同時，也開始記錄自己吃進去的熱量與體脂肪率。只要持續記錄自己吃進去的熱量，慢慢地就會掌握到常吃的那些食材熱量是多少。這樣一來，就能將一天所攝取的總熱量「可視化」。

接下來的步驟，就是替每天平均攝取的熱量設定上限。由於女性是一千兩百大卡，男性是一千五百大卡，因此在習慣之前或許有相當的難度。當然，用數字來控制或許會感到壓力很大、很想恢復原先的飲食，據說在這種時候，**能不能夠找到讓人分心的方法就是重點**，例如找到簡單的運動或能夠沉浸其中的興趣等等。

下一個步驟是，**開始與自己的身體對話**。例如在餐前自問：「我真的餓了嗎？」或在餐後自問：「我感到滿足了嗎？或是還不夠呢？」等等。雖然設有熱量上限，但據說只要習慣以後，就會愈來愈常有飽足感，能做到這個步驟就足夠了。只要不暴飲暴食，就不需要擔心復胖。

記錄時的重點是**每吃一次東西，包含點心在內，就要記錄一次**，不能夠留到晚上再一次統統寫下來。每次進食都要記錄。換言之，若能夠養成習慣，減肥也會變得比較有趣。

要養成習慣就需要有「獎賞」，例如選用自己喜歡的筆或筆記本，讓自己的心情好一點，或者選用使用者介面設計良好的應用程式，作為排解壓力的方法等等，這些也非常重要。

說到減肥與數字這個話題，**「飲食順序」減肥法**也很有名吧，而且實踐起來也很簡單，這是一套只要注意進食順序就能減肥的簡單方法。順序是①湯、②食物纖維、③蛋白質、④碳水化合物。

先從容易堆積在胃裡的湯開始喝，它能使人產生飽足感。接著攝取食物纖維，它能夠抑制血糖上升。因為血糖值上升的話，比較容易吸收脂肪；而攝取食物纖維則可以達到預防的效果。

第三個攝取的是肉類或魚類等主食，最後才是碳水化合物。把碳水化合物放在最後才吃，是這套「飲食順序」減肥法最大的重點。如果在空腹狀態下攝取碳水化合物，會導致血糖值上升，這樣一來會更容易吸收脂肪。

此外，把碳水化合物放在最後才吃，也可能有避免飲食過量的效果。

這種減肥法甚至只需要記住①湯、②食物纖維、③蛋白質、④碳水化合物的順序而已，實踐起來更是簡單。

我自己靠著飲食順序減肥法與記錄體重的方法，十年來體重都維持在正負一到兩公斤的範圍內。因為我喜歡葡萄酒，所以為了一輩子的健康，我都會控制自己的體重，好讓我每天都能喝葡萄酒。

第4章

讓人行動的領導者數字力

清楚傳達自己的意思，才能把工作做好

不僅是在商業場合上而已，想要推動任何事情，關鍵都在「人」的身上。

上司、部下、廠商、夥伴、家人、鄰居等等，如果不能把我們的想法清楚傳達給對方知道，讓他們一起採取行動的話，事情就不會有任何進展。

第4章彙總了如何有效活用前面幾章解說的「數值化」、「可視化」、「因式分解」以及「三軸思考」，並讓「人」改變行動的技巧。重點有三個，分別是「時間管理」、「對話力」，及「可視化」。

第 4 章要解說的 3 種數字思考法

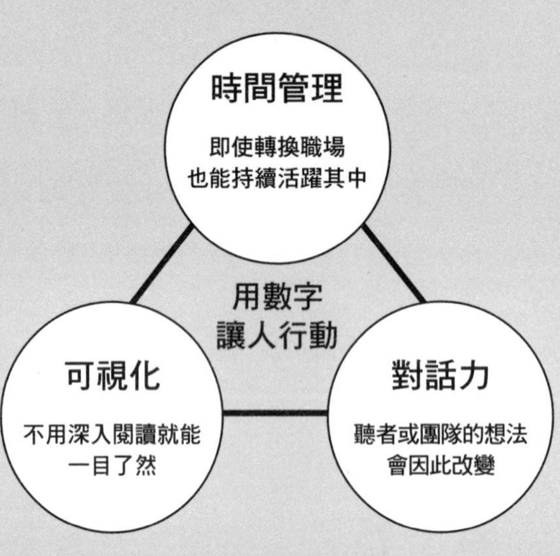

1 時間管理

面對陌生的新領域，就用關鍵的前100天決勝負！

在人事異動時被調派到毫無經驗的領域，或跳槽到新公司擔任主管，都是職場上有可能發生的事。在這種情況下，有幾個數字最好牢記在心。

那就是Day0、Day1、Day30，以及Day100。

正如字面之意，分別是第零天、第一天、第三十天，以及第一百天的意思。

也就是**在赴任新職場的當天，或在那些天數之前，分別該採取哪些行動比較好**的方針。

請容我在此分享個人經驗。我在任職於瑞可利期間，曾在毫無住宅業界經驗，也毫無店面營運經驗的情況下，成為新事業的負責人。SUUMO COUNTER是一間訂製住宅或新建公寓的顧問公司，目前是有超過一百家店面的瑞可利住居公司的核心事業之一。然而，在我赴任的時候，它僅有五家剛開設的店面。

順帶一提，以下要講述的內容，是我在日經商業講座「促進新事業發展的管理力」上，針對企業內部成立新事業所發表的談話內容要點。

講題為**「如果是你赴任SUUMO COUNTER負責人的話……」**。

在接到調往新部門的內部指令後，各位所面臨到的狀況如下：

一、新事業提案者的前任主管調到總公司的企劃部門，而你則是掌管住宅事業的繼任者。

二、你完全沒有人脈，團隊成員中沒有認識的人，也沒有認識任何顧客。

三、前景遠大的事業計畫（營收、展店數）已經制定完成。

這是相當艱難的局面，你不僅不熟悉這個產業，也沒有認識的團隊成員或顧客，再加上是新事業，所以未來的成長備受期待。在這樣的情況下該如何是好？我的講題就是這個。

所謂的Day0，即就任之前你要做些什麼。

所謂的Day1，即就任當天你要向團隊傳達些什麼。

所謂的Day30，即第三十天以前你要做些什麼（獲得團隊、股東的信賴，還有短期成果）。

所謂的Day100，即在這三個多月的期間內你要做些什麼（明確的成果）。

就是這麼一回事。如果是你的話，你會怎麼做呢？

我實際採取的行動如下所述，但願能提供各位在突然成為陌生部門主管時一些參考。

Day0：掌握組織相關現狀。

Day1：傳達我的角色身分。

Day30：與所有團隊成員進行一對一會議、與組織中的主要成員確認事業計畫的達成機率。

Day100：創造短期成果以獲取經營團隊與成員的信賴，並建立能夠穩定創造長期成果的機制。

其中各項的重點可彙總如下：

掌握新事業的現狀↓向團隊成員傳達你是什麼人、重視哪些東西↓了解團隊成員的特徵↓確認短期內該著手處理的重點↓創造成果、獲取信任↓為了長期的成長做準備。

以下我就來詳細說明。在Day0階段，我在與前任主管碰面之前，已先盡可能從利害關係人那裡搜集資訊，而且盡可能**從距離該事業較遠的人開始打**

聽。因為我認為距離該事業較遠＝利害關係較少，比較能夠聽到真心話。之後依序向距離該事業較近的人打聽，最後再向核心人物探聽資訊。

同時，我大量閱讀過去的經營會議資料，掌握該事業的歷史與做決策的習慣等等。所謂的習慣，就是習慣步步為營或習慣承擔風險——組織也跟人一樣，做判斷時會有特定的習慣。

當然，我也閱讀了相關書籍。經由以上這些程序，我掌握了與這個事業相關的現狀。做好這些準備以後，我才從前任主管手中接下這個職位。

在接下來的**Day1，我透過口頭與電子郵件告知團隊成員自己是什麼人**。我把自己的「職務經歷表」寄給成員，同時也針對我的管理觀附上整理好的資料。然後我還特別強調關鍵字是「享受變化吧」。新事業勢必會發生一些變化，再加上組織領導者改變了，所以也會變化。我希望大家能夠把這些變化視為理所當然的事。

接下來在**Day30**以前，**我與所有團隊成員進行一對一的會議，了解他們**

的為人與對工作的想法等等，也趁機掌握到他們對新事業的期待與不滿。

從結論來說，這個組織的成員真的有很多感覺很不錯的人。這一點真的救了我。

我也與主要成員開會確認了達成高目標事業計畫的機率。因為我自己的感覺是該目標設定得太高，不太可能達成。不幸的是，開完會以後，我知道那確實不是可以輕易達成的目標。

因此，我在一開始就把目標下修了。立即與經營團隊共享負面資訊的行為，在事後讓我順利得到公司成員與經營團隊的高度評價。

當時也有像這樣的反對聲音：「你任期才開始沒多久，就要舉白旗說無法達成目標嗎？」不過我堅決表示：「如果我是經營者的話，我會希望儘早得知壞消息。」以結果來說，這是我能夠贏得信任的理由之一。

然後是接下來的三個月，**我在邁向Day100的這段期間，找到這個事業的KPI（關鍵績效指標）並聚焦在此，同時明確地提示出新事業能夠成長的可能性。**

因此我又更進一步獲得經營團隊與公司成員的信任。真是好險，要是再晚幾個月的話，別說是經營團隊，或許連公司成員的信任都要失去了。

在Day100之前的形象建立是非常重要的。如果我的經驗，能提供各位在赴任毫無經驗的部門主管之際作為參考，實屬榮幸。

在面對這種異動到過去沒有經驗的部門之際，有一套吸收相關資訊的方法，我稱之為**「十本書與三本書」**，這是我很重視的關鍵字。我將這個方法整理在以下的專欄。

專欄

職務異動時，如何用10＋3本書畫出新領域的地圖？

我在瑞可利任職期間，有各式各樣的職務異動經驗。之所以特別強調「各式各樣」，是因為其中有很多是調到過去我完全沒有經驗的部門。在每次調職時，我有個一定會執行的習慣。

確定職務異動後的第一件事，並不是像前文所說那樣去向主要成員打聽消息。在那之前，我會先**製作一張能俯瞰整個新單位市場的「地圖」**。

為什麼要在向主要成員打聽消息之前，先製作那張地圖呢？當然，向主要成員打聽消息是很重要的，不過**一開始就這麼做的話，會過度被對方所說的話給牽制住**。

而且，那些打聽來的消息也缺乏可以整理的「框架」，因此你會同時聽聞到重要與不重要的資訊。

除此之外，無論我打算花多少時間，也不可能掌握那位主要成員所知道的全部資訊。也就是說，向主要成員探聽消息的我，頂多也只能成為他的「迷你模型」而已。為了避免這一點，就必須製作屬於自己的地圖。等到完成以後，再從主要成員那裡吸收資訊即可。

儘管每家公司的制度不同，但職務異動的內部指令至少會在一個月以前公布吧？如果有一個多月的時間，以我的速度最多可以閱讀十本書。之所以說「最多十本」，是因為我也有可能因為當時的心境，而無法連續閱讀十本工作相關的書籍。

不過，「十本」這個數字非常重要。若從我過去的經驗來說，**一個領域只要能讀完十本書，就能製作出一張能大致掌握該領域的地圖了**。

那麼，該挑選什麼樣的書才好呢？

首先，請試著用該領域的關鍵字去挑選書籍。你可以透過書評和內容大綱來做進一步篩選。**可以鎖定那些擁有較多評論的書，或者擁有許多摘要總結的書我也很推薦**。

接下來，要盡可能根據目錄或書籍概要發揮想像力。篩選出一定數量的書之後，從中再挑選出要優先閱讀的三本。只要能夠好好完成這個步驟，就能建構出新領域的地圖概要（※）。

我在挑選三本書時，很重視這套觀點：**可以掌握整體概要的一本、流傳至今的經典一本，以及含有最尖端關鍵字的一本**。換句話說，就是先掌握新領域的整體概要，再按照過去與未來的時間軸排列，從立體的角度去掌握它。其餘七本書可以從最初三本書中找出令你感到好奇的關鍵字，再去進一步挑選。或者，一開始無法選出很多書時，閱讀這三本書中引用過的第一手資訊的書籍，也能有效加深理解程度。

以上就是挑戰新領域之際的「十本書與三本書」，希望能給各位一些參考。

（※）「編輯工學研究所」的松岡正剛先生在與書店合作之際，也曾規劃針對每個特定領域，陳列三本推薦書籍的這種嶄新的賣場陳列方式。儘管純屬偶然，但松岡正剛也曾稱讚過這種挑選三本書的方法。

用數字思考職涯規劃，人就會行動

最近在四、五十歲轉職的人，似乎有增加的趨勢。這是以往不會隨便採取行動的年齡層。大家都是考量到各自的職涯規劃，才做出轉職的決定。

我自己也是如此，我在大學畢業後進入瑞可利工作二十九年，才在五十多歲時轉職。讓我決定轉職的理由之一，就是**「人生百年時代」**、**「健康壽命」**與**「企業的壽命」**這三項數據。「人生百年時代」是林達．葛瑞騰（Lynda Gratton）在暢銷書《一〇〇歲的人生戰略》中提及的關鍵字。相信有很多人都知道吧。

該書提到，已開發國家的平均壽命逐漸延長，再過不久就會超過一百歲。除此之外，能夠健康過生活的「健康壽命」也逐漸延長。換句話說，過去以八十歲壽命規劃退休年齡為六十歲、六十五歲的勞動狀況，日後在壽命一百歲的情況下，可勞動年齡可能會延長到八十歲左右。

現行的退休制度原本就是在平均壽命六十歲左右的年代制定的。當初的想法也是希望至少在人生最後的五年，可以不用工作度過餘生。明明壽命延長了四十年，退休年齡卻只延後五到十年，因此中間就產生了落差。

不過如果平均壽命延長，健康壽命也延長的話，未來退休年齡延後，或許還是有一輩子在目前任職公司工作的選項，如此一來就沒有必要轉職。

然而，除了前述情形之外，還有一個很重要的變化正在發生中，那就是**「企業壽命」的縮短**。雖然日本企業還未上演這個現象，但美國上市公司的壽命正逐漸變短，估計未來上市企業的壽命將會縮短至二十年上下。請想像一下這波趨勢總有一天會蔓延到日本來。

假如從二十歲工作到八十歲，總共要工作六十年。**如果企業的平均壽命是二十年的話，簡單計算下來每個人至少會轉職三次左右**。

日本的勞動人口正處於減少的趨勢。除了高齡者、女性、外國人的就業數增加之外，也必須要有機器人或ＡＩ來取代勞動。女性的就業率在近幾年大幅上升。機器人或ＡＩ的取代速度似乎也不如最初預想地那麼快。如此一來，**外國**

人與高齡者就成了很重要的兩大勞動供給來源。這樣一想，高齡者轉職將會比過去更為容易。

勞動市場環境對高齡者的轉職來說是正面的。只是在明明沒有轉職經驗，卻不得不轉職的情況下，不難想像轉職者應該會花很多時間去適應新職場，高齡者就更不用說了。

換句話說，大家會考慮在更年輕的階段就先累積轉職經驗，應該也是很自然的趨勢。

我自己就是如此。相信各位身邊應該也有一些這樣的人吧？

把「人生百年時代」、「健康壽命」與「企業的壽命」這三種資訊組合在一起，就能預想到日後可能的動向。

請各位也試著把這些資料組合在一起想像一下。

2 對話力

在自我介紹中加入數字，你的聽眾就會行動

我在197頁提到，我會在就任新職場的Day1傳達「我的角色身分」。各位除了在職務異動時的問候之外，在簡報或演講的開場也會做這種自我介紹吧。大家都用什麼樣的方式自我介紹呢？

我也多次提到，簡報的目的不是傳達自己要說的話，而是透過簡報來**讓目標對象按照自己的想法去改變態度**（**行動**），即使是演講也不例外。

由於自我介紹都是在簡報或演講的開場進行，因此自我介紹做得好不好，將會大幅影響到整場活動。當然，也會影響到目標對象的態度是否會改變。理想的自我介紹必須能讓人覺得**「這個人說的話有聆聽的價值」**。

我在瑞可利時期的最後一任上司，是瑞可利職業研究所的所長大久保幸夫，他一向會配合目標對象採用不同的自我介紹。

大久保所長是人才領域的專家，曾在政府機構與大型企業等各種場合發表過簡報，**每次都會配合參與者或談話主題調整自我介紹的內容**。

舉例來說，如果是在政府機構的簡報，他就會不經意地在自我介紹中提到自己過去曾在哪些政府機構做過簡報，或者如果簡報題目是工作方式改革的話，他就會列舉出過去曾在哪些場合中分享過這個主題。

聽眾聽完大久保所長的自我介紹以後，就會**判斷這個人是值得自己花時間去聆聽他要說些什麼的人**。

如果能像大久保所長一樣經驗豐富的話當然很好，但包含我自己在內，一般人並不會有那麼多經驗或值得一提的事蹟。**這種時候，可以用來代替的東西就是「數字」**。

舉例來說，**圖34**是我的自我介紹，分別列出了「有數字」與「沒有數字」的版本。雖然內容沒有不同，但有數字的版本列出了每一細項的經驗年數等數值。

沒有數字的版本只有記述：我在瑞可利公司工作過多年、讀了很多書、主辦TTPS（日文「徹底模仿進化」的縮寫）讀書會、替媒體撰稿、喜歡喝葡萄酒、喜歡走路等內容。

有數字的版本則是：我在瑞可利工作過二十九年；十八年來每年閱讀一百本書；每月主辦TTPS讀書會、總共辦了五十八場；連續兩年以上每個月替媒體撰稿；一年喝三百次以上的葡萄酒；十年來平均每天走路一萬五千步以上。

哪一個版本比較讓人印象深刻呢？這套數字版的自我介紹，我經常使用在跟KPI管理有關的簡報開場。

這樣是不是就清楚傳達出「中尾隆一郎」這個講者，有**對數字很在行或者會長期持續做一件事情的印象**呢？

KPI管理是跟數字有關的學問。此外，持續性的改善也是必須的。出於「希望大家聽我談論KPI議題」的想法，我才決定做這樣的自我介紹。

圖 34　中尾隆一郎的自我介紹

無數字版	有數字版
工作	
曾在瑞可利工作	⇒ 工作 29 年
工作	
讀過很多書	⇒ 每週 2 本、1 年 100 本以上 ×18 年
主辦 TTPS 讀書會	⇒ 每月、共 58 次（第 5 年）
替媒體撰稿	⇒ 每月×2 年
娛樂	
喜歡喝葡萄酒	⇒ 1 年喝 300 次 超過 20 年
會上健身房	⇒ 每週 1～2 次、1 年 70 次以上 ×15 年
每天走路	⇒ 每天 1 萬 5 千步×10 年

各位在進行簡報之際，不妨也試著加入數字看看。

數字愈大愈能讓人留下深刻的印象。以我個人來說，我所舉的例子包括十八年來每年閱讀一百本書、每天走路一萬五千步等等。

此外，我也很推薦告訴聽眾說，自己曾在某項目上得到第一名或獲獎等，這些在某個領域登峰造極的經驗。**在某個領域登峰造極的人，可以讓人產生在其他領域也有可能登峰造極的印象**。特別是那些與你的簡報內容有關，或是能夠聯想到相關性的數字。

第一步先試著從學生時代的回憶開始寫下數字，然後請依序列出至今為止的事蹟，相信你一定能夠找到充滿個人特色的數字。

改變傳達任務的單位，你的團隊就會行動

這是一段我在瑞可利橫濱分公司擔任新任業務經理時的回憶。當時在我隔壁的團隊，有一位資深經理O先生。

有一年的期末，我所負責的團隊已幸運達成業績目標，但O經理的團隊在距離期末僅剩一週的時候，還有約兩週的龐大目標數字尚未達成，可說完全處於迫在眉睫的情況。如果按照常理來思考的話，要達成目標幾乎是天方夜譚。

然而唯獨O經理沒有放棄，他把剩餘的龐大目標數字因式分解，化為每一位團隊成員都能夠負擔的大小。

結果就是，那些原本已經放棄的成員全都重新振作起來，開始為了達成目標而採取行動，完美地體現了什麼叫**「思考改變，行動就會改變；行動改變，結果**

就會改變」。

當時O經理有十名部下。在剩下的一週內，尚未達成的目標還有四千萬圓左右。若從經手單價十萬圓商品的業務角度來想，要達成四千萬圓可說是難如登天的事，因為每週平均營收大約是兩千萬圓，所以得在剩下一週時間內銷售出兩倍的目標數字才行。而且從團隊成員的角度來看，恐怕覺得至今為止能做的都做了。團隊內瀰漫著事到如今即使再多做些什麼也無濟於事的氣氛。

此時，O經理藉由一場會議改變團隊意識的故事就這樣上演：

O：好，再一週的時間，這個年度就要結束了，我們要如何度過這一週呢？

團隊成員沒有一個人抬起頭來，大家都假裝在看手邊的資料，明顯處於放棄的狀態。

O：順便來確認一下正確的剩餘目標數字吧。A同仁，是多少呢？告訴大家。

A：剩餘目標還有四千萬圓。

O：這樣啊，那營業日還有幾天呢？B同仁，你說。

B：五天。

O：所以平均一天必須要達成多少營收呢？B同仁，你計算一下。

B：平均一天的營收就是四千萬除以五天，也就是八百萬圓。

O：也就是說，平均每人每天銷售多少就可以達成了呢？C同仁，你計算一下。

C：成員共有十人，所以把八百萬除以十人即可，也就是八十萬。

O：原來如此。這樣的話，平均每小時要銷售多少數字呢？D同仁，你說說看。

D：假設一天營業八小時的話，就是十萬圓。

成員們都稍微抬起了頭來。

O：平均每小時要接到十萬圓的訂單是不可能的事嗎？E同仁，你怎麼看？

E：如果一小時能與兩個客戶談生意的話，從其中任一家公司接到十萬圓的訂單，我覺得是很有可能的事。雖然平均是十萬圓，但說不定會有客戶要報銷期末預算而下訂大型廣告。如此一來，必須達成的訂單金額就更少了。

O：這樣啊，所以如果各位的價值有達到平均每小時十萬圓的話，或許很有可能達成這個剩餘目標數字囉。那不知道平均一分鐘的數字大概是多少呢？E同仁？

E：（笑著說道）O經理，可以了，我們現在很有信心達成目標了。與其那樣，不如我們十個業務員每小時就確認一下彼此的銷售狀況與剩餘數字，大家一起來倒數應該比較有趣一點，你們覺得呢？

業務團隊：好啊，反正只剩最後一週了，大家一起來努力看看吧。

就這樣，團隊的意識改變了，行動改變了，於是結果也改變了，他們漂亮地達成目標。簡直就是奇蹟，那是一場快樂的結局。

光聽這個故事，或許有人會覺得O經理說得好聽點是對團隊成員施了魔法，說得難聽點就是在對大家洗腦；或者也許有人會覺得，人不會那麼單純地就採取行動。我並不否認這樣的看法。

但更重要的是，光是改變對團隊成員的說明方式（也就是簡報），人就會開始採取行動，我認為這才是最精彩的地方。**因為成員的行動改變，所以結果也改變了**。當時人在現場的我，並沒有想到可以用像O經理那樣的說明方式。

雖然是偶然出席那場會議，但我真心覺得自己見證了一場奇蹟。直到最後一刻都不輕言放棄的領導者，各位不覺得實在很帥氣嗎？

雖然我不知道這在所有狀況下是否都能適用，但還是想請各位在危急存亡之際，都能夠想起這個故事。

因式分解，亦即將事物化為「可負擔」的大小，將會成為你與團隊成員共創奇蹟的契機。

3 可視化

換算成「金錢」做說明，經營者就會行動

如同第3章所述，經營者進行價值判斷的座標軸之一，就是「金錢」。這也是理所當然的。有句前人的勸誡叫「量入制出」，就是要人們先仔細計算有多少收入，再來控制消費。

如果經營者的共通語言是「金錢」的話，**當公司內部出現浪費的情形時，只要把那換算成金錢來說明，就能提高經營者做出合理判斷的可能性**。當然這不僅限於經營者而已，不過對於經營者特別有效。

公司總有許多浪費的情形，像是製作資料或開會，不過就算針對這些事情說：不要製作沒用的資料、不要開沒用的會議，人們也不會改變行動。此時，不

妨試著將之換算成金錢，把浪費的情形**「可視化」**。這樣一來，ROI就會變得很明確，人們會開始思考該如何減少浪費，**也就是更容易改變行動**的意思。

舉例來說，有一個年薪四百萬圓的A員工，為了簡化計算，我們假設他全年的工時是兩千個小時，這樣即可算出，A員工平均每小時的時薪是兩千圓。同樣的，年薪一千萬圓的B主管，平均每小時的時薪計算下來就是五千圓。至於年薪兩千萬圓的C董事，時薪計算下來就是一萬圓。

假設公司有五位年收入與C相同的董事要舉辦董事會，如果董事會是三小時的話，就要支出5人×3小時×1萬圓＝15萬圓的人事費用。假如同時出席的還有三位與B主管同職級的人，就要支出3人×3小時×5000圓＝4萬5000圓。若職員階級的A員工也要出席的話，就要支出1人×3小時×2000圓＝6000圓。總計就是15萬圓＋4萬5000圓＋6000圓≒20萬圓——這只是純粹計算人事費用的數字而已。實際上還**需要這個數字兩到三倍的成本**，因為必須支出社會保險、租屋補助、交通費等等。也就是說，如果換算下來的人事費用是二十萬圓，實際的成本就會是四十萬圓或六十萬圓。

即使如此，可能還是有人會心想「才六十萬圓而已」。支出六十萬圓的成本，就代表**必須要賺到這麼多的利益才行**。我們也可以想成是：假如營業利益率是10％的話，就相當於60萬圓÷10％＝600萬圓的營收。意思就是說，**至少得創造出六百萬圓左右的營收，ROI才合乎效益**。

除此之外，董事階級的人如果把這三小時用來跑業務或是做產品開發，結果又會如何呢？他們創造的價值應該會更大才對。換句話說，如果單看直接人事費用換算的成本，二十萬圓並不算多，但**若從營收六百萬圓或把時間用來經營本業的角度來思考，那麼應該會期許這場董事會要有更高的ROI才對**。

像這樣用「金錢」來說明一場會議應有的生產力，是不是就會讓人產生想要「提高會議生產力」的念頭呢？或許大家就會開始琢磨：該讓哪些必要的人參與會議，以及如何有效率地進行討論，以便縮減會議時間。

這個範例是以只有五名董事的會議來計算。如果是大企業的話，那種有二、三十人參加的董事會，就必須支出五倍以上的成本。**光是將它換算成金錢，是不是就能意識到那是多麼耗費成本的事了呢？**

圖 35　把業務換算為成本（金錢）的步驟

	步驟	範例
1	計算時薪。	員工：年收入 400 萬圓≒時薪 2,000 圓 主管：年收入 1,000 萬圓≒時薪 5,000 圓 董事：年收入 2,000 萬圓≒時薪 10,000 圓
2	將開會或製作資料等活動時間，分別乘以時薪，計算出必須消耗的金額。	3 小時的董事會，有 5 名董事、3 名主管、1 名員工參加 ≒ 20 萬圓的成本（僅薪資部分）
3	將該數值乘以 3 倍就能計算出實際的成本。	20 萬圓 ×3 倍＝ 60 萬圓（實際成本）
4	將成本除以營業利益率，計算出必須創造的營業額。	假如營業利益率為 10%的話 相當於 60 萬圓 ÷10%＝ 600 萬圓的營收

我把這個將公司業務換算成「金錢」的步驟，彙整在圖 35 中，請逕行參考。

首先，計算自己的時薪。其次，把用在開會或製作資料等活動上的時間乘以時薪，試算出會產生的金額。由於只計算「直接人事費用」的話，無法真實反映出其他支出，因此還要把數字乘以三倍左右，即可計算出實際上的必要成本。最後再將成本除以營業利益率，計算出必須相對應的營業額是多少。請務必實際試算看看。

把資料「可視化」，客戶就會行動

即使是同一份資料，若能經由「可視化」的步驟讓人更容易理解，對於扭轉溝通對象的態度（讓聽者按照你的期望去採取行動）也會大有幫助。以下我將說明相關的案例。

在我任職於住宅顧問公司SUUMO COUNTER期間，有一份經過我們獨家編製的資料，是把客戶企業的**「業務力」**與**「廣告力」**可視化——**這是客戶企業想要了解卻無法自行製作的重要資訊，由我們製作成足以一目了然的資料提供給他們。**

SUUMO COUNTER提供的服務，是由顧問介紹訂製住宅公司給個人用戶，而這項服務的流程如下：

首先，我們會先請個人用戶提供他們的資料，包括他們想要蓋什麼樣的訂製住宅等資訊。

再來，顧問與個人用戶透過當面或視訊等方式，依據事前獲得的資訊與訪談得到的資訊，顧問會提供大約五家訂製住宅公司的資訊給個人用戶。平均來說，他們會對其中三家公司有興趣。

接下來，顧問會把用戶有興趣的訂製住宅公司負責人介紹給彼此，之後便展開個別商談。最後再由訂製住宅公司通知雙方簽約事宜。

通常，訂製住宅公司能夠掌握兩項數據：第一，是實際透過這項服務介紹來的個人用戶數；第二，是實際簽約的個人用戶數。

一般來說，客戶企業大多都是根據這兩項數據來評價此一配對服務。例如介紹的用戶愈多，他們推銷業務的名單數就會增加，因此會給予較高的評價。此外，契約成交率（簽約的個人用戶數÷介紹而來的個人用戶數）愈高，則代表業務效率愈好，因此也會給予較高的評價。

然而，配對服務的提供者除了這兩項數據之外，還握有另外兩項客戶企業無法掌握的數據：第一，是顧問打算介紹給客戶企業的個人用戶數。這是能夠介紹與無法介紹給客戶企業的用戶數，兩者合計的數字；第二，則是在顧問介紹給客戶企業的個人用戶中，最後**實際建造訂製住宅的用戶數**。這是在顧問介紹給客戶企業的個人用戶中，委託該客戶企業建造訂製住宅的用戶數，與委託給其他公司建造的用戶數，兩者合計的數字。

關於這個「實際建造訂製住宅的個人用戶數」，或許必須補充說明一下。

舉例來說，假設顧問介紹給用戶a的訂製住宅公司有三家，分別是A公司、B公司與C公司。而用戶a決定與C公司簽約。但是從A公司與B公司的角度來看，a是沒有與自家公司簽約的用戶。然而，實際上a卻與C公司簽約了，而這項資訊掌握在配對服務提供者的手中。不過**很多時候，A公司與B公司並無法掌握這項資訊**。或者也有多數的情況是，即使第一線人員知道，也不會向總部回報。我所指的就是這些數據。

回到正題。如前文所述，客戶企業掌握了兩項數據，不過配對服務提供者除了這兩項數據之外，還握有另外兩項數據——我們總共掌握四項數據。

我們就是活用這四項數據，針對客戶企業A公司，製作出將「業務力」與「廣告力」可視化的**圖36**。

首先，**圖36**縱軸所指的「業務力」是「A公司簽約的個人用戶數÷顧問介紹的個人用戶中，包含其他公司在內已簽約的用戶數」。換句話說，這個分數代表的是：把合適的用戶匹配給A公司之後，A公司能夠實際成交的比例——這個數字能清楚呈現出A公司的業務力。

這項配對服務平均會介紹三家公司給個人用戶。換言之，只要該數值超過三分之一，就可視為是業務力較高；若低於三分之一，業務力則較低。

此外，橫軸所指的「廣告力」則是「實際介紹給A公司的個人用戶數÷顧問原本打算配對的個人用戶數」的比率。在這項配對服務中，顧問會先詳細掌握用戶的個人資料或特殊需求，且只會將之介紹給條件相符的公司。

如果「商品資訊＝廣告良好」的話，配對成功的機率應該會很高才對。這也可以根據比率高於或低於三分之一，來判斷客戶企業「廣告力」的高低。

根據這張散布圖，客戶企業可以與同業其他公司做比較，或比較自己公司業務單位之間的「業務力」或「廣告力」。

然後，他們就可以參考這些數據，假如自家「廣告力」較低的話，就改善廣

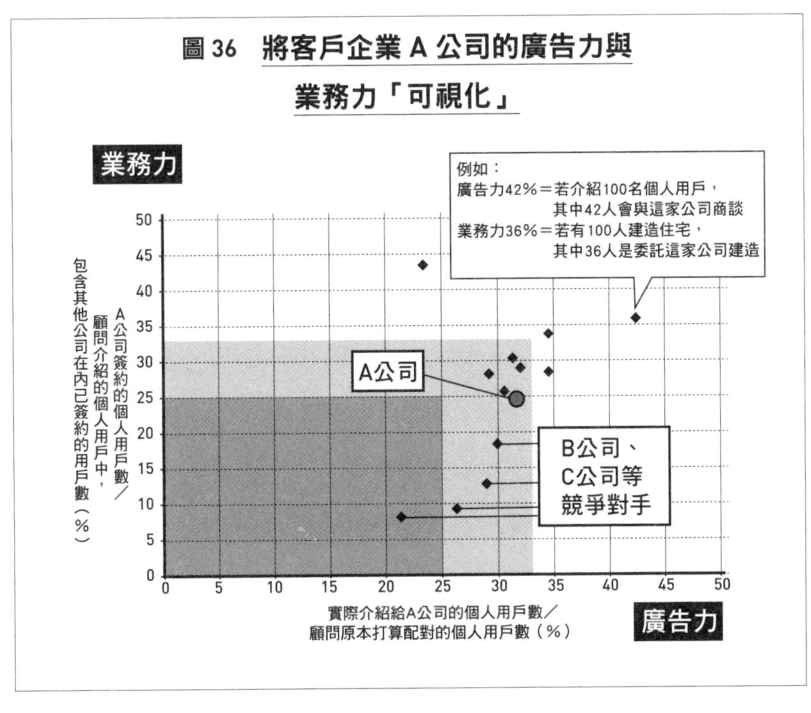

告；假如「業務力」較低的話，就改善業務流程或銷售人員。如此一來，圖中「業務力」與「廣告力」的位置就會改變。也就是說，**這麼做就能將策略的成果可視化**。不用說也知道，客戶企業對於這項散布圖資料自是讚不絕口。

不僅限於SUUMO COUNTER而已，任何提供配對服務的企業，應該都能夠對自己公司的客戶提供同樣的資訊才對。

測定「時間」的使用方式，白領就會行動

在我主辦的TTPS讀書會上，曾經討論過「如何測定白領的時間效率」。當時討論出一個有效的方法就是「可視化」。

請看**圖37**。只要使用這個方法，你一定也能夠掌握自己的職場生產力。要準備的東西是職場成員的兩週行程表。我請大家各自帶來這份資料，並先寫好開會或處理工作的時段。

首先是掌握現狀。按照待辦事項重要程度的高低，把會議、工作、任務分成3到1的類型。

具體來說，就是**「3＝主要業務」**、**「2＝次要業務」**、**「1＝待命時間」**。在此處的定義中，「主要業務」＝主要負責的業務且與成果直接相關的工作；「次要業務」＝周邊業務；「待命時間」＝準備或等待客戶的待命時間。

接下來分別計算「3」、「2」、「1」的合計時間，再計算「3」：「2」：「1」的比率。

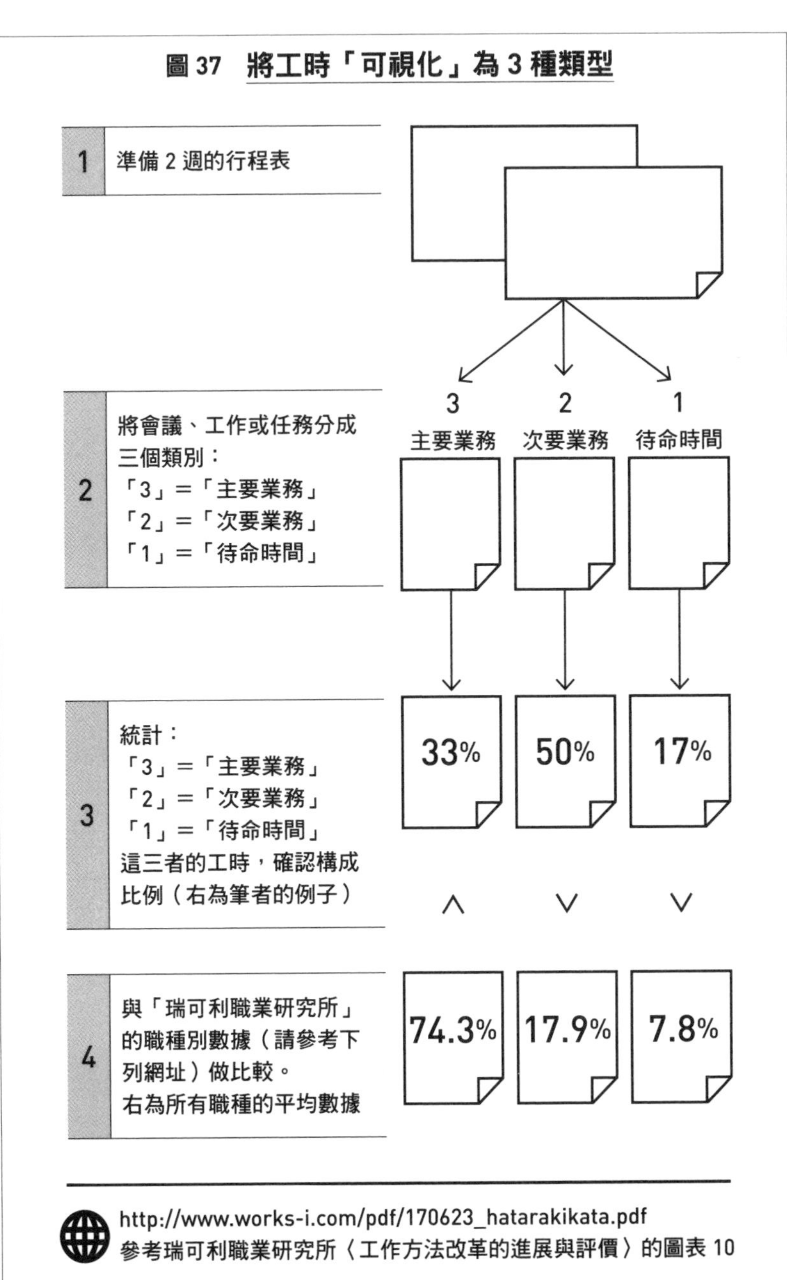
圖 37 將工時「可視化」為 3 種類型
1
準備 2 週的行程表
2
將會議、工作或任務分成三個類別：
「3」＝「主要業務」
「2」＝「次要業務」
「1」＝「待命時間」
3
主要業務
2
次要業務
1
待命時間
3
統計：
「3」＝「主要業務」
「2」＝「次要業務」
「1」＝「待命時間」
這三者的工時，確認構成比例（右為筆者的例子）
33%
50%
17%
∧
∨
∨
4
與「瑞可利職業研究所」的職種別數據（請參考下列網址）做比較。
右為所有職種的平均數據
74.3%
17.9%
7.8%
http://www.works-i.com/pdf/170623_hatarakikata.pdf
參考瑞可利職業研究所〈工作方法改革的進展與評價〉的圖表 10

在「3」與「2」或「2」與「1」之間難以抉擇的會議或工作內容，建議可以與同事或上司透過交換意見的方式進行確認。當然，即使是同樣的會議或工作，對某些人來說可能是「3」，對另一些人來說可能是「2」，甚至在某些情況下也可能是「1」。

我自己第一次進行這個工時盤點時，發現我有一週花在「3＝主要業務」的時間，只占工作時間的三分之一而已。順帶一提，當時剩餘的構成比分別是「2＝次要業務」占50％；「1＝待命時間」占其餘的17％。儘管感覺很忙碌，實際上卻無法專注在自己真正該做的重要工作上，反而花了一半以上的時間在重要性較低的工作上，真的令我大吃一驚。

後來，我養成確認每週行程表的「3」、「2」、「1」構成比的習慣，於是當我**在處理工作時，自然而然會意識到其中的重要性，因此「3」的比例便開始逐漸增加**。

換句話說，你花在最該投入的「重要工作或會議」上的時間比例會愈來愈高。

如果每週工時固定的話，花愈多時間在「重要的工作或會議」上，愈有助於提高你的生產力。

但即便如此，單憑掌握整個職場或自己工作的「3」、「2」、「1」構成比的話，並不能夠判斷那個數值的絕對值是高或低。

如果有什麼標準能作為比較對象的話，判斷起來會更方便。

這裡我們試著參考瑞可利職業研究所的**「全國就業實態模板調查」**。這項調查是由在各行各業工作的人，將自己的工時分類為「主要業務」、「次要業務」與「待命時間」。

結果，所有職種的平均值分別為：主要業務74．3%、次要業務17．9%、待命時間7．8%。前文提到我某一週的行程表，只有33%是「3＝主要業務」，因此與這項調查數據相較之下即可知道：我很有可能度過了生產力相當低的兩週時間。

在所有職種的平均值中，主要業務以外的次要業務與待命時間，合計約占25%。由此可知我在這個部分，還有許多改善工作效率，也就是提高生產力的空間。

那麼具體來說，該怎麼做才能提高生產力呢？基本上就是增加「主要業務」的比例，並減少「次要業務」或「待命時間」的比例。於此同時，若能減少浪費時間的工作或會議，也能夠期待工時的減少，且進一步提升生產力。

此時，**最好注意一下職種的特性**。例如「待命時間」構成比為21．1％的藥品業務，不難想像他們等待醫師客戶的時間會很長。若以每週工作五天來計算的話，待命時間可能會是整整一天。想要改善這一點，光靠個人的努力當然是有其極限的。

藥品業界也有部分廠商開始著手處理這種狀況，也就是把提供資訊給醫師客戶的任務，交由科技（ＡＩ）來取代原先的人類（業務員）。未來隨著ＡＩ等技術的進步，提供客戶資訊想必會變得更為簡便且精良吧。最終由於待命時間將會減少，並轉移到附加價值更高的主要業務上，因此生產力的提升是可以期待的。

在某些職種或業界，有很多事情必須進行跨組織的整合才有效果。不過個人或職場上還是有很多能努力的部分。**在我曾擔任負責人的組織中，改變開會方式就帶來很大的成果**。當時實踐的內容非常簡單：

①針對每場會議的議題，分類為A：討論；B：報告；C：決議。

②在會議前必須寄出「議程」、「各項議程的預計時間」，以及「說明資料」給參加者。

靠著這兩點，當時我們就削減了10％以上的會議時間。除此之外，藉由授權給第一線人員的方式，也順利減少開會的次數。運用數值進行可視化以後，似乎還有很多可以提升生產力的空間。

把家事「可視化」，夫妻就會行動

近年來，雙薪家庭共同育兒已是司空見慣的事。話雖如此，日本卻是育兒落後國，女性肩負家事重擔仍是主流趨勢。在這種情況下，**若能把夫妻雙方的工作「可視化」，將有助於相互扶持並分擔家事**。

方法非常簡單，就是製作如**圖38**的表格。準備的東西包括可在百圓商店買到的白板、白板筆，以及兩種顏色的磁鐵。

首先，寫下今天必須完成的任務。然後把代表自己顏色的磁鐵，貼在自己能夠完成的任務旁邊，意思就是「這個任務由我來做」。換句話說，就是表示沒有貼上磁鐵的任務，**「雖然必須完成，但我無法做到」**的意思。

接著另一人用另一種顏色的磁鐵，貼在自己要做的任務旁邊。如果所有任務旁邊都貼滿磁鐵的話，就沒問題了。這表示今天的任務應該能夠順利達成。

不過，有時也會碰到任務旁邊沒有貼上任何磁鐵的情況。此時，**就由兩人共同討論決定那是誰的任務，再貼上磁鐵**；或者也有另外一個選擇，就是**決定今天先不完成那項任務**。

無論選擇哪一種方法，由於「在兩人之間可視化」，因此能夠共同掌握狀況，而且雙方都能夠接受。

只要計算兩種磁鐵的數量，**哪一方負責比較多的任務就能一目了然**。如果只是幾天的話還無所謂，但如果責任經常落其中一方身上，這也會是一個討論該如何調整的好機會。只要簡單計算幾個數字，就能進行一場相當公平的討論。

事實上，這個作法參考的是程式開發的方法。進行「敏捷開發」（在軟體開

圖 38　把家事「可視化」

○月○日 家事分配		
	先生負責	太太負責
決定餐點內容	○	
準備、清洗食材	○	
煮飯	○	○
做便當		○
燒開水	○	
整理環境	○	
打掃廁所	○	
打掃浴室		○
送孩子去幼兒園		○
接孩子回家	○	
填寫要交給幼兒園的表單		○
慶祝媽媽生日		
參加社區自治會		

發的初期階段就由使用者共同協作，讓開發期間比以往更短的一種方法）的工程師有個習慣，就是讓任務在當天或者一週之內結束。他們會**以團隊合作的方式逐一完成所有的任務**。如果夫妻之間也能創造出這種相處模式，就有助於減輕彼此的壓力。

我曾把這套方法介紹給幾位朋友與同事夫妻，成效似乎相當不錯，他們都進行得很順利。在此也提供給各位參考。

預先掌握人生的「最後十年」，人就會邁開步伐

堪稱醫療版TED的日本MED代表秋山和宏先生曾分享過以下這件事。他是一名醫師，正在研究人生最後的十年，題目是**「人生最後的十年」與「肌肉量」的故事**。任何人聽過這個故事，都會為此邁開步伐。

人生最後的十年如**圖39**所示，可以區分為三種類型。

第一，是人生最後的十年間都很健康，卻在某天突然過世的類型。由於平常活力十足，死亡來得很突然，因此是「無病無痛的壽終正寢」。從某種意義上來說，這是最棒的人生終結方式。家父也是直到過世當天，都還精神奕奕地去參觀美術館，然後回到家的那晚就突然過世了。這真的是最棒的離世了。

第二，是體力逐漸衰退的類型。

第三，是最後十年大部分時間都臥病在床的類型。

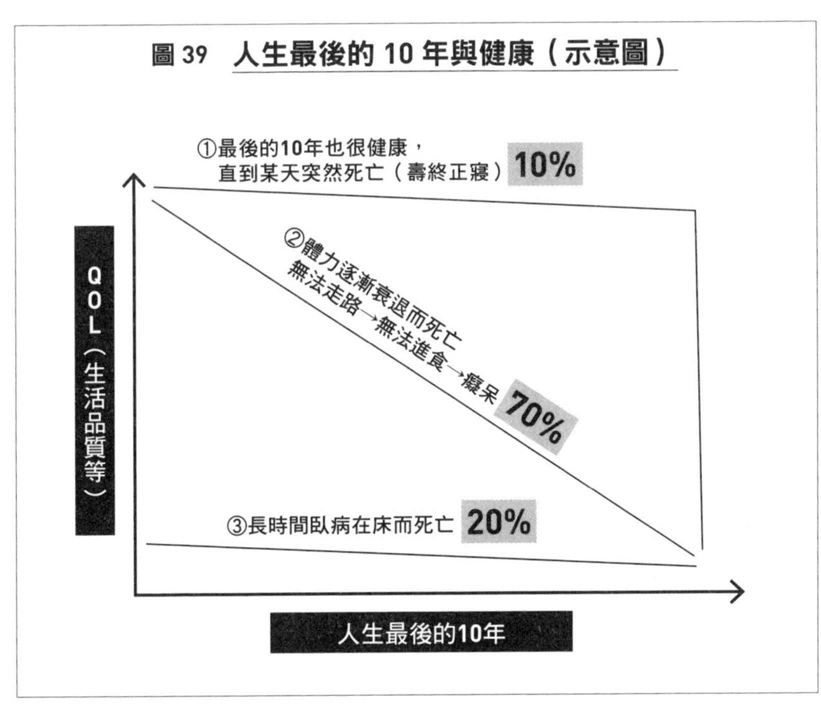

圖 39 人生最後的 10 年與健康（示意圖）

從大致的比例來看，據說男性分別是壽終正寢的占10%；體力逐漸衰退的占70%；臥病在床的占20%。

對這三種類型具有影響力的因素之一，就是「肌肉量」。若拆解第二種逐漸衰亡的類型，可以分成三個階段。所謂的三個階段，就是從**「無法走路」**到**「無法進食」**，再到**「頭腦癡呆」**的順序。這些階段與肌肉量存在相關性。

人體中有幾塊大肌肉，在瘦身業界被稱為「四大」，也就是上胸、背部、腹部，以及大腿。

若無法走路的話，大腿的肌肉就會衰退。由於身體各部位是相連的，因此大腿肌肉衰腿的話，其他部位的肌肉也會隨之衰退。

目前已知對於進食用的吞嚥功能有影響力的**「喉嚨肌肉」，與「二頭肌」的肌肉量有強烈相關性**。換句話說，一旦雙腿無法走路，愈來愈常躺在床上，開始需要他人幫忙餵食以後，就會愈來愈少使用手臂。上胸的肌肉與二頭肌如果都不使用的話，也會逐漸衰退。久而久之，吞嚥功能會愈來愈差。如果出於好心想幫忙餵食高齡者的話，最後反而會使對方的吞嚥功能退化，變得無法自行進食。

一旦無法自行進食，對於飲食也會愈來愈興致缺缺，對於腦部的刺激也會逐漸減少，再加上大腦是由蛋白質所構成的，難免會受到其他部位肌肉量減少的影響，最後腦部的功能也會衰退。

高齡者即使因為某些原因可能很難再走路了，也必須透過復健等方式盡量靠自己的力量去活動。此外，即使無法走路，也要敦促他們自己吃飯，這樣才能減緩後續的功能衰退。換句話說，持續保持肌肉量是未來能夠壽終正寢的重要關鍵，而**走路正是最有效的方法之一**。

前面介紹到的家父也是每週三次，固定一三五會去逛美術館或博物館。因此他直到最後都能夠自己走路、自己吃飯、自己做判斷。他去世那天的午餐好像也吃了壽司與茶碗蒸（從錢包裡的收據得知）。

與男性相較之下，肌肉量較少的女性，壽終正寢的比例似乎明顯較低。各位不妨以未來能壽終正寢為目標，每天走路來維持肌肉量吧。

第5章

自由運用數字力的7個思考框架

7個足以整理所有現象的數字思考框架

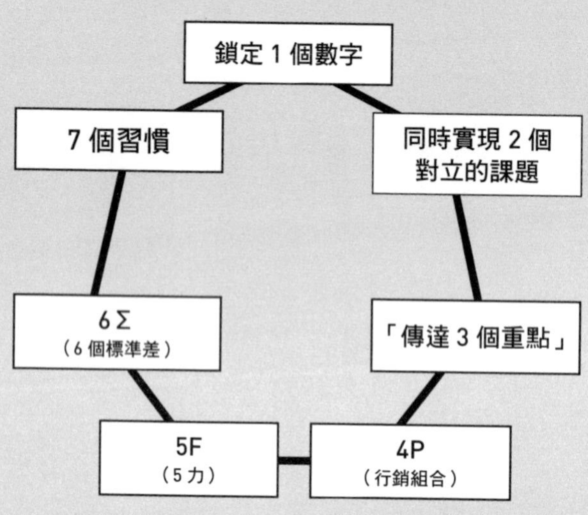

第5章是附錄章。

我在第2章提到，在活用數字之際，不妨來場知識、經驗的總動員。不只是定量資料而已，若再加上定性資料，準確度也會有所提升。只不過，知識或經驗因人而異，這也是當然的。因此，本章將介紹我用數字思考時，會使用到的有效知識。

我把它們從1到7依序列出，相信會更容易幫助你記憶。

框架

1 鎖定1個數字

何謂KPI原則？

各位聽過KPI（關鍵績效指標）嗎？本書的〈前言〉中曾提到，我除了在瑞可利公司連續十一年傳授構成本書基礎的「數字解讀與思考法」講座之外，也擔任過**「KPI基礎講座」**的講師。

在活用KPI之際，最重要的訊息就是：**「鎖定一個」最重要的管理數字**。

KPI是代表在事業目標下，目前事業活動狀態的數字。如果用比喻或角色來說的話，就是汽車進入十字路口前，用來判斷能不能駛入路口的**「紅綠燈」**。紅綠燈的綠燈代表「前進」、黃燈代表「注意」、紅燈代表「停止」。

ＫＰＩ數值的角色，就是用來判斷目前的事業活動，要繼續「前進」、「注意」還是「停止」的紅綠燈。

為什麼ＫＰＩ要鎖定一個數字呢？其實只要用汽車的例子來想，應該很容易理解吧。如果十字路口有好幾個紅綠燈的話，駕駛會因此感到混淆。假如一個紅綠燈顯示「綠燈」，另一個卻顯示「紅燈」的話，事情會變得怎麼樣呢？駕駛自然會不知所措。

此外，紅綠燈的位置又該設在哪裡？當然，它必須設在汽車駛入十字路口之前才有意義。此外，駕駛在駛入十字路口之前，如果無法判斷紅綠燈的顏色，同樣沒有意義。換言之，**ＫＰＩ必須是事業目標結果出來之前就能看得出來的「領先指標」**。基於上述原因，ＫＰＩ作為事業中的「紅綠燈」，「鎖定一個」的重要性自然不在話下。欲了解詳情的讀者，請參考拙作《創造最佳結果的ＫＰＩ管理》（**最高の結果を出すＫＰＩマネジメント**）。

這裡要介紹一個例子。前些日子，有一間考慮在次年度導入ＫＰＩ的上市公司來找我諮詢。他們讀完我的著作以後，似乎得到一些啟發。

這間公司一向以「追求營收」這個結果指標為主。由於只看結果指標的話，無法及早修正方向，因此才會考慮導入管理領先指標的KPI。然而該公司的業務觸角過於廣泛，他們經營眾多商品、眾多不同產業的客戶，以及眾多地區。如果用「商品×業界×地區」這三軸來整理的話，就會變成像立方體一樣，十分複雜。他們覺得自己恐怕做不到我在書中所寫的「鎖定一個」，因此與我聯繫，希望能當面會談。

我事先瀏覽了該公司的官網，上面列出其首要的策略，即「確定重點業界與要解決的議題，推動三年的事業計畫」。換句話說，我們可以建立一個假說，就是或許能以重點產業上的貫徹程度，或解決議題上的貫徹程度，作為該公司的KPI來加以檢視。

然而經過實際會談後，他們說「配合客戶企業的需求提供各種商品」這一點是不會改變的。也就是說，重點業界已經決定了，要解決的議題也已經決定了。不過，只要能夠維持住這些方針，不管提供什麼樣的商品或服務都可以。

況且，他們說自己是「能夠確實致力於重點客戶與議題」的業務組織。原先的前提是若用「商品×業界×地區」這三軸來整理的話，就會變成像立方體一樣，十分複雜。然而，由於重點業界已經決定了，因此複雜度會降低許多。

而且，既然「業界」已經確定了，那麼「地區」這條軸也會很簡單。剩下的就是要不要縮小商品的範圍。經過詳細詢問後，他們表示不會鎖定一種商品，而是會根據客戶的需求提供合適的商品。既然如此，為了找出如**圖40**中所示的CSF（關鍵成功因素），我們討論了「哪一個銷售步驟是最重要的」。

在討論過程中，我的業務工作經驗派上了用場。我在瑞可利任職的期間，曾是支援企業招募部門的業務員。與該公司相同的是，當年的我也是配合企業的需求，「提供任何商品都可以」，因此當時我設定的KPI便派上了用場。

我們把心力著重在業務流程中的提案環節，並以「提案金額」作為KPI。不過，單純採用提案金額的話，第一線人員有可能回報憑空捏造的數字，而那種疑神疑鬼的心態沒有意義。因此，我們設計了一個流程，就是在提案之後，請客戶在他們考慮的金額下簽名或蓋章。如此一來，回報虛假提案金額的可能性也會降低。此外，客戶一旦簽了名，積極考慮的程度也會有所提升。在我分享這段經歷以後，這也成為一個有力的候選KPI。

即使與該公司有同樣的狀況，但**如果採用鎖定特定商品或服務的方針，也可**

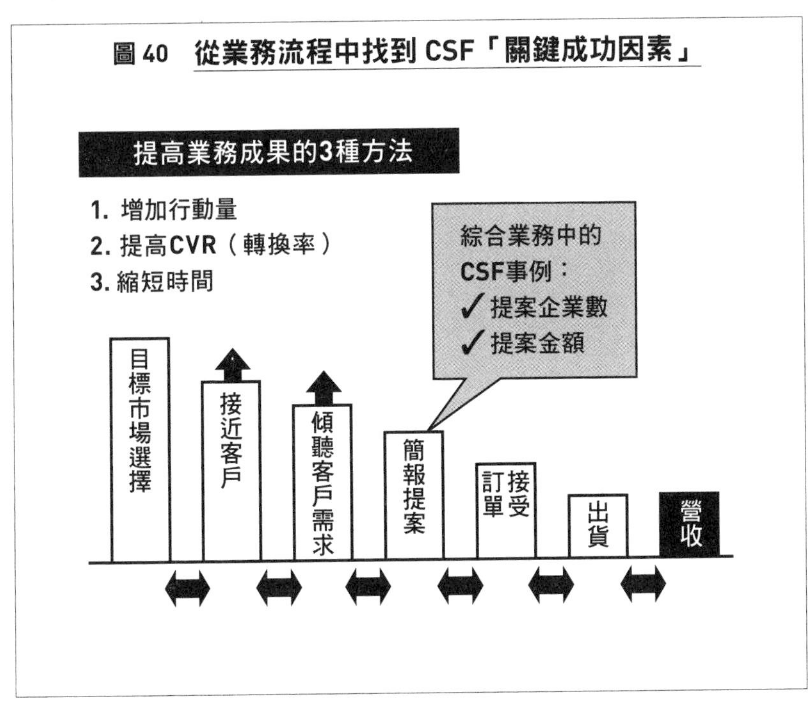

以將商品或服務的提案企業數作為候選KPI。KPI就是像這樣會隨著策略或方針而改變。

我在這裡最想傳達的，就是「鎖定一個KPI」的重要性。換句話說，就是**Focus & Deep**。這句話強調的，是把有限的經營資源（人力、物力、財力）集中投入在一處，而不讓經營資源分散的重要性。尤其對於資源有限的中小企業來說，Focus & Deep是非常重要的概念。

雖然我這樣寫，但恐怕還是會有人說，「所有環節都很重要，無法單獨鎖定一個而已。」在這種情況下，我建議可以一項一項全面執行。但事實上，同時並行多種業務的話，以結果來說，生產力會因此降低（※）。

換句話說，**即使有很多重要的事情，也要先鎖定其中一項來執行**。只要這樣反覆執行，最後就會換來亮眼的成果。

※在高德拉特（Eliyahu Goldratt）教授等人所著的《目標：簡單有效的常識管理》（*The Goal*）一書中的「制約理論」，對此有詳細探討。讀完即可理解，同時併行多項業務的生產力有多低。

2 同時實現2個對立的課題

並非逐二兔者不得其一，而是揚棄

「逐二兔者不得其一」，各位在學生時代是不是都有學過這句話呢？這是形容一個人很貪心，這個也想要、那個也想要，最後往往什麼也得不到的慣用句。從另一個角度來說，也有鼓勵大家專注追尋一個目標的意思。

另外，對於做事精明、能夠同時追求多種事物並獲得一切的人，也有一句話叫**「一石二鳥」**。因為他丟一顆石頭就能捕捉到兩隻鳥，所以這個人的生產力也很高。

在「逐二兔者不得其一」與「一石二鳥」中，該選擇何者比較好呢？一般而言，正如前文所述，「鎖定一個目標的生產力比較高」（Focus & Deep）。

也就是說，**一石二鳥的再現性很低，感覺在某種程度上勢必得依賴偶然性才行**。若單純比較「逐二兔者不得其一」與「一石二鳥」的話，一定得選擇前者。因為若與前一節「鎖定一個」的思考法相互對照的話，這應該才是合理的答案。

然而在現實社會中，有時也不得不（或希望）得同時實現兩個對立的課題。

舉例來說，像是有限的經營資源（人力、物力、財力）該投入哪裡才好，這種經營上的判斷。具體來說，例如**「確保業績」與「因應工作方式改革而削減工時」**，或**「確保短期業績」與「為了長期成長而投資」**等等。在前者的「確保業績」與「削減工時」中，像是至今為止都是靠加班來確保業績的，如今一旦削減工時，那項工作又該怎麼做？一般難免會認為這種事情無法實現，所以就會以為如果「為了因應工作方式改革而削減工時」的話，就無法「確保業績」。

在後者的「確保短期業績」與「為了長期成長而投資」中，像是由於預估業績並不樂觀，因此為了確保短期業績，往往會考慮削減「研究開發」的投資或「員工教育」的投資等這些為了追求長期成長所做的投資。

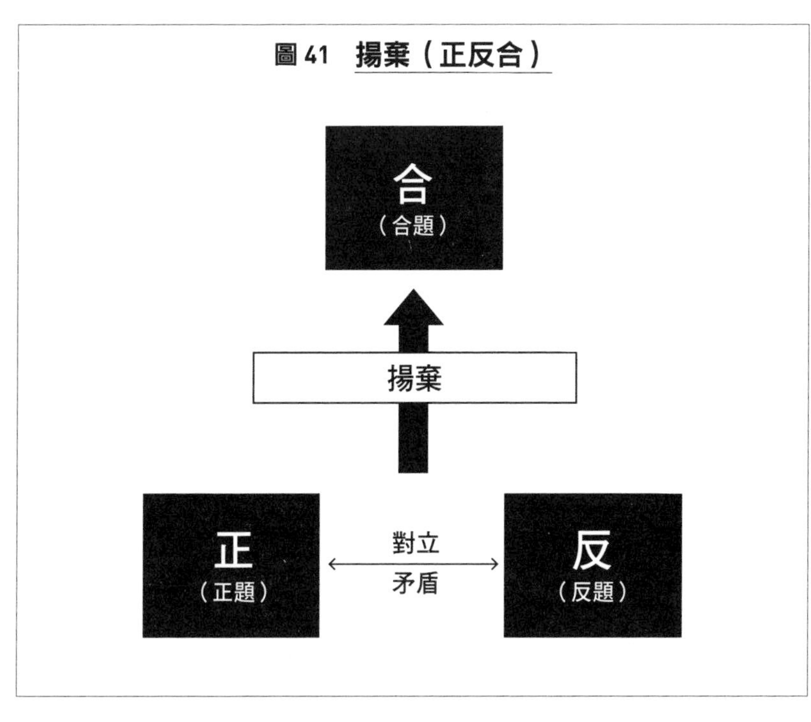

圖41　揚棄（正反合）

當陷入這種乍看之下無法同時實現兩者的矛盾狀況時，實現兩者的關鍵字就是**「揚棄」**。或許有人在幾年前聽過東京都知事小池百合子曾使用這個詞彙。

這是哲學家黑格爾在「辯證法」這套解決問題的方法論中所使用的用語。在辯證法中，會經由**圖41**中的正反合三個階段來解決問題。當中有正（正題）和與之對立、矛盾的反（反題）的概念。把兩者用更高一個層次來整合（揚棄），就構成了三個階段。而這個整合的階段，在中文裡稱為「揚棄」。

在前面舉的「確保業績」與「削減工時」例子中，如果繼續維持對立的現狀，就沒有任何可以解決的辦法。不過，**如果能夠實現「提高生產力」，就能同時實現這兩件事**。也就是藉由「提高生產力」這個揚棄的過程，能夠同時實現兩者。

用稍微抽象一點的例子來說，假設正題這個圖形是「四角形」，相對於這個正題，還存在著這是「三角形」的反題。在二次元的平面上，無法讓兩者的特徵都同時成立。不過如果再增加一個次元，變成三次元的話，若為金字塔形，也就是四角錐的話，就能讓這兩個概念毫無矛盾地同時成立——四角錐從上面看下來是四角形，從旁邊看過去則是三角形。

乍看之下相互對立的概念，有不少是因為個別視角或視野被固定住的緣故。只要讓那些視角或視野改變，即可揚棄。也就是說，重點不是單純以一石二鳥為目的，**重點是要具備能夠改變層次，亦即「揚棄」的柔軟度**。

再介紹一個事例吧。比方說，「確保短期業績」與「削減工時」要同時實現似乎非常困難。前頁寫到只要提高生產力即可。但具體來說，究竟該怎麼做才好呢？

有幾種揚棄的方法，其中有效的手法之一，就是本章提到的**導入ＫＰＩ管理**。ＫＰＩ管理即是鎖定一項要做的事情，讓所有員工都把心力投注在此。當然，**這樣一來也就不必從事任何與ＫＰＩ管理無關的活動**。從結果來說，就是能夠縮短工作時間，實現「削減工時」。

此外，經由ＫＰＩ管理，讓所有人都致力於對成果有效的活動，因此「確保短期業績」的可能性也會有所提升。換言之，就是有可能同時實現「確保短期業績」與「削減工時」的方法。

3 傳達3個重點

商業顧問的基本話術

不曉得各位有沒有聽過**「重點有三個，第一個是……」**這種說明方式呢？這是商業顧問經常使用的說話方式。

這裡的「3」很重要。人無法同時處理很多事情。換句話說，當某一方滔滔不絕地說出不同的話題，另一方是無法理解的。而這不僅限於談話的情況而已。

以日常生活的例子來說，像是在食品賣場的試吃活動就是如此。請想像一下試吃果醬的情況。假設有兩種推銷方案，一種是可以試吃三、四種不同口味的果醬，另一種則是可以試吃十種以上口味的果醬，請問哪一種的實際購買率會比較高呢？事實上，可以試吃三、四種口味的方案購買率是比較高的。試吃的顧客人數有可能是十種以上口味的賣場比較多。不過顧客在試吃後，往往會猶豫不決，最後什麼也沒買。

當然，如果不是果醬，而是其他更重要的東西，那又另當別論了。例如在做出買房等人生重大決定時，也有不少人會同時從眾多選項中進行比較考量。不過人的一生當中要做出那種決定的情況並不常見。

從過去的經驗可知，在一般的情況下，**人能夠同時考慮的選項，最多就是4到6個左右**。這樣一想，稍微小於這個範圍的3這個數值，是很適當的數字。

藉由傳達出「重點有三個」這項訊息，可以**在聽者的腦海中打造出三個盒子**。然後用「第一是……；第二是……；第三是……」，把內容依序放入準備好的盒子裡。這樣對聽者來說也比較簡單。如果是在資料中條列式書寫的情況，若條列出太多的內容，很多時候也會讓人難以理解吧。

我曾請一位顧問幫忙製作編製商業資料的講義。根據那位顧問的說法，**條列式內容一旦超過四項，他就會考慮是不是能用分類的方式加以彙整，或是向右增**

加一個縮排來改變層次。看來不僅是說話而已，在書寫的時候，「3」似乎也是一個重要的數字。

此外，當你被客戶的核心人物提問時，即使那一瞬間沒有想到三個重點，也應該要先說「重點有三個」，然後再一邊講第一個重點，一邊思考其餘兩個重點，這也是他實際經歷過的事。他說後續在與對方溝通的過程中，就算最後只講了兩個重點就結束，或者進一步講到第四個重點都無所謂。

關鍵是先假設有三個重點，然後想想看有哪三個重點。也就是說，**給自己設一個定額，要想出三個構想**，然後在傳達給別人的時候，準備好一套讓對方打造三個盒子的技巧。

這在思考時也是很重要的出發點。實際上，如果是三到五個重點左右，大致理解起來也是沒問題的。話雖如此，還是請試著做到「傷腦筋的時候，先說說看三個重點」吧！

4 4P（行銷組合）

提高暢銷率的擴銷策略

包含「4」這個數字的代表性框架，就是**圖42**的4P。4P的別名又稱為「行銷組合」。

它是**Product（產品）、Price（價格）、Promotion（推廣、宣傳、促銷）、Place（業務通路或配銷通路）**這四個P開頭的重要行銷用語的統稱。4P強調的是：**優良的產品、以適當的價格、配合有效的促銷活動，並活用合適的通路來銷售的重要性**。

4P之中的Product、Price與Promotion應該很好想像吧？Place不妨想成是指店面陳列架這種「地點」，也就是要在符合商品特性的地點銷售。由於較為廣義，所以採用 Place 這個字來表示。

暢銷商品的 4P 皆具有「整合性」。如果是銷售高額的商品，就會採用經手高額（Price）商品（Product）的媒體（Promotion），活用合適的銷售通路（Place）。相反的，若商品缺乏整合性的話就賣不出去。

在行銷界人士之間有個關於「入浴劑」的話題很有名。某家大型廠商製造出新的入浴劑，打算靠那個產品切入入浴劑的市場。該產品本身相較於市占率第一名的產品並不遜色，價格也更便宜。這是因為他們得以控制進貨成本，在製造方法與包裝上也下了一番工夫，就連廣告也請來人氣女演員，並且大力播放。

結果如何呢？

儘管推出新產品並投入大規模的廣告宣傳，但奇怪的是，新加入的廠商業績平平，反倒是市占率第一名的入浴劑繼續獨占鰲頭，甚至創下比以往營收更亮眼的結果。為什麼會這樣？

理由如下所述。主婦看到廣告產生好感後，前往超市購買新款入浴劑。然而，

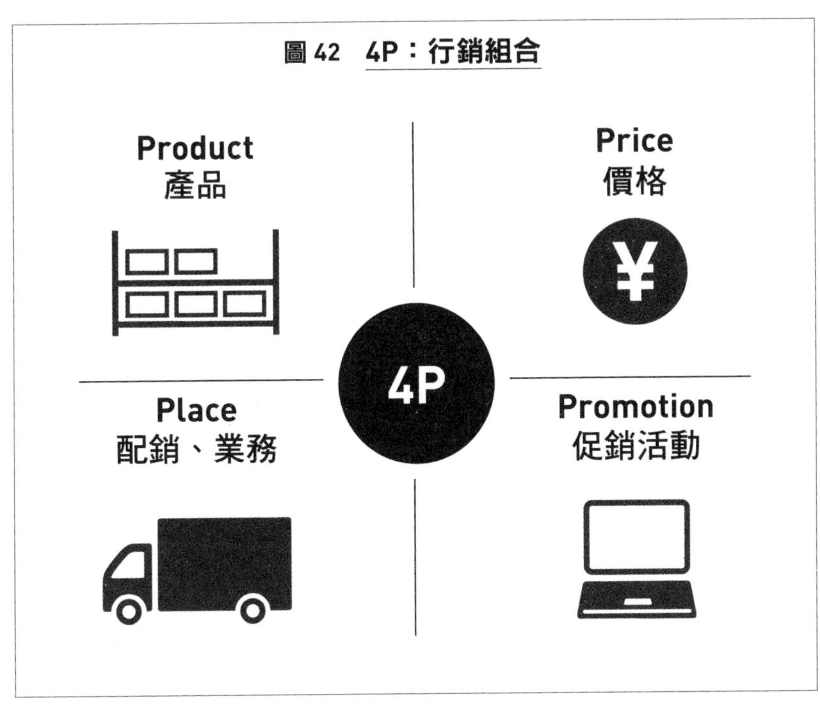

超市貨架上大部分的位子都被市占率第一名的入浴劑給占滿了。

主婦雖然是來超市買新款入浴劑的，但看到貨架以後心想「還是市占率第一名的入浴劑比較好」就買了下去。也就是說，**販賣市占率第一名入浴劑的公司，並不是在廣告等方面進行強化，而是在超市等通路上確保擁有比以往更多的貨架，以此阻撓新參與者。**

「4P」能有效地說明這個行銷案例的成敗。

從市占率第一名入浴劑的角度來想想看好了。它打造了日本國內的入浴劑市場，而該公司的Product（產品）已成為入浴劑的業界標準。與競爭商品相較之下，它的Price（價格）或許高了一點，但與產品之間的平衡應該是沒問題的。換句話說，也就是它**具有品牌價值**。此外，關於Promotion（宣傳）的部分，由於多年來的廣告奏效，因此「說到入浴劑，第一個就想到它」。最後，關於Place（配銷通路）的部分也是，面對競爭企業的新款入浴劑，它採用了「霸占貨架」的策略來對抗。當然，或許有給配銷通路（超市等）一些獎勵（回饋金），或是壓低批發價也說不定。無論如何，市占率第一名的企業對於新加入市場的競爭者，採行了具有4P整合性的策略。

另一方面，打算插足這個市場的企業，雖然整合了Product、Price與Promotion，但**在Place（配銷通路）上的對應方式似乎有點薄弱**。換句話說，就是它並未具備4P的整合性。

不僅是入浴劑而已，我們在打造任何事業之際，這套4P思考法也很有效。舉例來說，假設要將一項劃時代產品投入市場好了。這個Product（產品）是高機能產品，具備前所未有的功能。由於研發過程投入了高額的資金，因此

Price（價格）也設定得比較高。此外，由於能夠購買這個高價產品的人有限，因此會透過高所得者常用的應用程式或媒體等管道來進行Promotion（廣告、宣傳）。最後對於有反響的顧客，採用教育程度較高的Place（業務員）來銷售。無論欠缺哪一個環節，行銷策略失敗的可能性都會提高。

假如把Promotion（廣告、宣傳）改成觸及普羅大眾的媒體會發生什麼事呢？由於與目標受眾之間沒有「接點」，因此只會導致來自「非購買者」的詢問增加，降低促銷效果；又假如為了壓低人事費用而把Place（業務員）改成經驗尚淺的年輕人又會如何呢？由於他們面對高所得者會有應對不夠周到之處，因此不僅無法擴銷，甚至有可能得應付客訴。

這種針對少部分特定顧客擴銷高價產品的策略，稱作**「脫脂牛奶策略」（由熱牛奶的表面部分，引申為專注重點客戶之意）**，在向這類顧客擴銷之際，受過教育的業務通路或針對高所得者的配銷通路是不可或缺的。4P是檢查4個P整合性的框架。在討論促銷等策略之際，請務必將之納入參考。

5 5F（5力）

確保公司能存活下去的市場環境分析

接下來是以5開頭的框架。此處要介紹的是**圖43**中的5F（5 Force）。這是被定位為三C（Company：公司本身、Customer：客戶、Competitor：競爭者）擴大版的框架。

簡單來說，5F的F意指Force（力量）。企業是在與各種「力量」對抗的競爭環境中經營事業。這張圖所呈現的就是那樣的狀態。**這個框架在考慮要不要投入新市場，或釐清公司本身所屬的市場時很有用。**

我們依序來檢視一下這五種力量吧。首先，第一種力量是來自**「客戶」**的

圖 43　5F：5 種力量

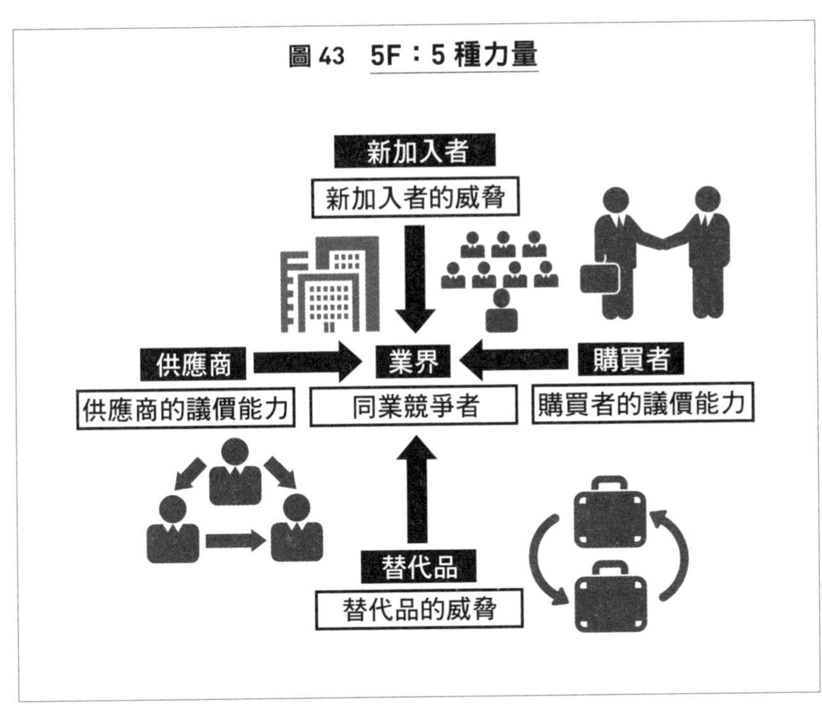

力量。客戶會盡可能購買便宜的商品或服務。換言之，從公司本身的角度來看，就是**有降價的壓力，這是營收減少的主因**。這種力量會在各種情況下千方百計地襲來：「因為我會買很多」、「因為我每次都跟你們買」、「因為我第一次買」、「因為有人客訴」等都是代表案例。公司必須戰勝這股力量以確保收益。

第二種力量是來自**「供應商」**的力量。供應商會盡可能提高原物料的售價。也就是說，從公司本身的角度來看，**有進貨價格上漲的壓力，使成本或費用提**

高，**這是壓迫到利潤的主因**。這股力量也會以千變萬化的面貌襲來，例如「因為別家公司出價比較高」、「因為市場價格提高了」等等。

第三種力量是來自**「競爭企業」**的力量。**競爭企業一向虎視眈眈地伺機而動，一旦有機可趁就會試圖搶走客戶**。例如「壓低價格」、「附贈服務」、「推出高性能的新產品」、「招待負責人」等等。公司也必須戰勝這股力量才行。

第四種力量是來自**「新加入者」**的力量。所謂新加入者，即目前雖未投入公司本身所屬的市場，但**正在考慮以新競爭者之姿投入這個市場的企業**，也就是潛在競爭企業。

我曾與一位在利基市場做到最大的創投企業創業社長，討論過關於「新加入者」的話題。那位社長說，創投企業所創造出來利基市場，在一開始設立時，由於市場規模很小，大企業不會來參與。然而一旦發展到一定規模，大企業就會以「新加入者」之姿來參與市場。只不過一開始加入時，由於市場還不大，因此在大企業中負責那個利基市場的人，據說也不是多麼優秀的人才。然而一旦市場規模擴大，例如從數十億變成一百億的規模，那麼那些大型競爭者就會投入王牌級的人才。資本雄厚的大企業會展開無情攻勢，創投企業則一眨眼就會消失無蹤。

這家創投企業見證過大企業的實力，如今已不復存在。

再來第五種，就是**「替代品」**的力量。這個力量蘊藏著改變市場的高度可能性，也就是**出現能夠取代現有商品、服務的商品與服務**。早期像是PHS手機取代呼叫器、然後是行動電話（功能型手機）取代PHS、最後是智慧型手機取代行動電話等等，都是代表性案例。最近網路媒體或社群媒體廣告取代電視等大眾媒體，或許也屬於其中之一。

二十五年前，當我在做業務的時候，業務員都隨身攜帶呼叫器。更早期的呼叫器只會發出聲音，但我使用的是螢幕上會顯示好幾位數字的機種。這種呼叫器傳遞的訊息雖然只有數字，但不管是在地下室或電車上都無所謂，具有超人一等的傳達力。這樣說來，當年的女高中生也都會攜帶呼叫器彼此溝通。

然而，呼叫器在短短不到十年內就被PHS手機取代，當時的呼叫器專業廠商或銷售公司都接連破產。換句話說，整個市場被「替代品」完全奪走。

不過PHS的榮景也沒有持續太久。行動電話，尤其是i-mode這種「替代品」，又把PHS的客戶連根拔走了。

然而，後來 i-mode 手機的市場也被智慧型手機全盤取代了。雖然用 3C 框架來分析市場也有效，但很**容易忽略掉替代品與新加入者的因素**。如果想要掌握市場環境的話，可以用 5F 的觀點來整理。使用起來非常地有效，各位不妨試著活用看看。

6　6Σ（6個標準差）

以「零失誤」為目標vs以「失誤必然會發生」為目標的思考

以6開頭的框架，我想介紹的是**圖44**中的6Σ（6個標準差）。但與其嘗試活用這個框架，我更希望各位能學習到它最根本的思考法。

首先我要說明6Σ的概要。6Σ是美國摩托羅拉公司在一九八〇年代開發出來的一套用於**品質管理**上的**經營方法**。雖然它主要是被應用在製造業，但不僅限於製造部門，也適用於業務、企劃等間接部門，甚至連服務業等非製造業的適用案例也不在少數。

6個標準差的語源，是來自統計學中代表標準差的σ。為了追求**「即使執行**

100萬次作業，也要將不良品的發生率控制在3、4次內」，「6個標準差」被用來當作一種口號，並逐漸成為慣用語。100萬次＝1000000次，共有6個零，所以用6Σ應該很好記憶。

前面說過，我想在此傳達的訊息並不是一起來使用6Σ，而是一起來使用6Σ的「思想」吧。6Σ的最終目標是即使執行100萬次作業，也要將不良品發生率控制在3、4次內。

我想表達的東西是什麼呢？那就是**即使是最終的目標，也不要去強求把不良品發生率降為「零」**。

追求不良品發生率為零，這在日本時有所聞。我也常聽人說，應該要讓它降為零才行。

以「零」為目標究竟有什麼問題呢？零失誤或零不良品是再好不過的事了，不過這會產生三個問題。

第一，是**從6Σ（100萬中有3、4個失誤）到零不良品，需要付出很大的努力與成本**。當然那會反映在製造成本中，因此要不就是提高商品價格，導致競

圖 44　6Σ：以「失誤必然會發生」為前提來思考

6Σ：即使是最終目標，100 萬次也會失誤 3、4 次

➡ **以失誤會發生為前提**

日本：以追求失誤為 0 為前提

目標零失誤的問題是什麼？

1. 從 6Σ（100 萬個之中有 3、4 個失誤）到零不良品，需要付出很大的努力與成本。
2. 在以零缺貨為年度目標的情況下，只要在第一次檢查中發現不良品，那一年就無法達成年度目標了。
3. 客戶也沒有要求這種事。

爭力降低，或者如果不提高價格的話，就只能犧牲公司本身的利益了。

第二，請想像以「零缺貨」作為年度目標的情況。比方說，定期檢查缺貨的狀況。**只要在第一次檢查中發現不良品，那一年就無法達成年度目標了**。要在剩餘的漫長期間內追求無法達成的目標，是一件相當痛苦的事。參與那份工作的員工也無法維持動力。我認為追求這種具有風險的指標，是一件沒有意義的事。

第三，是**客戶也沒有要求這種事**。做得到「零不良品」是很

棒的事，不過大部分的企業都無法付諸實現。

最後通常是：如果客戶需要一百個零件，其中或許會有不良品，因此我在交貨時會多附上一個零件——這才是目前通用商品的全球標準。當然，也有部分要求不良品必須為零的產業，例如火箭或飛機等商品，但是有這種極端要求的產業非常少。

我希望各位能從 6Σ 中學習到的是：認為失誤「是否會發生」的這種思考。

如果是製造業的話，最終還是希望將失誤控制在 6Σ 的程度；如果是非製造業的話，由於重複性的業務沒有製造業那麼多，因此比 6Σ 機率高一些，大概是 5Σ、4Σ 的程度，在某些情況下甚至會到 3Σ 也不一定。

我認為失誤是會發生的。請從 6Σ 之中，經由失誤的「可視化」，認識到「一定程度的失誤是可以容許的」這種思想。

7 7個習慣

把資源優先投入到能「創造價值」的事情上

說到7開頭的框架，史蒂芬・柯維（Stephen R. Covey）博士有一本翻譯成多國語言、在日本也登上暢銷榜的著作，當中就提到「7個習慣」。

這「7個習慣」已成為許多研習活動或書籍中都會提到的主題，相信也有很多讀者已經聽過。雖然總共有7個重要的習慣，但我想在此介紹其中我最喜歡的部份。

如**圖45**所示，柯維博士說：「請將工作依照急迫性高低與重要性高低這兩條座標軸分成四類，然後優先從急迫性低、重要性高的工作開始填入你的行程表。」他把這類急迫性低、重要性高的工作稱為「大石頭」。

他建議：**「用大石頭來填滿行程表。」**如果用一般的觀念來說，應該都會認為「重要性高的工作，優先順序比較高是可以理解的，不過急迫性高的工作，優先順序不是應該也比較高嗎？」我初次接觸到這種思考法時，也是這樣想的。換句話說，我認為重要性與急迫性都高的工作，應該才是柯維博士所謂的「大石頭」才對。

關於這一點，透過以下的譬喻似乎就很好理解了。

考量到未來的全球化或中國的崛起，應該有很多人想要先學好英語或中文。與其說是現在才開始意識到，不如說好幾年前就有這種感覺了。不過雖然有心想要學習語言，但如果目前工作上沒有必須立即使用到英語或中文的急迫性，那就幾乎沒有人實際能學以致用，這一點也是事實。結果多年過去，還是沒能達到可以使用這些語言的程度。然後只要這個習慣一直維持下去，到了明年、後年，你還是一樣不會進步。

說來刺耳，但這就是柯維博士所說的**「重要性高但急迫性低＝大石頭」**。要是從幾年前開始，每週至少去學習語言一、兩次，現在肯定不是這個樣子吧。

圖 45　7 個習慣：著重第二類事務

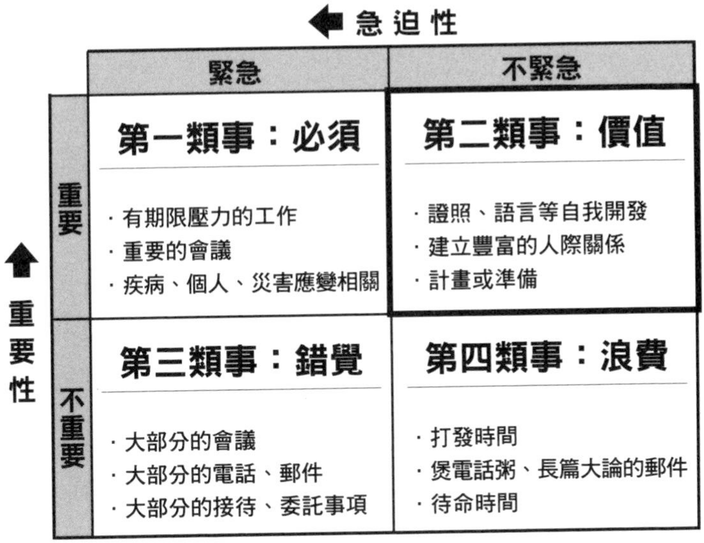

← 急迫性　↑ 重要性

	緊急	不緊急
重要	**第一類事：必須** · 有期限壓力的工作 · 重要的會議 · 疾病、個人、災害應變相關	**第二類事：價值** · 證照、語言等自我開發 · 建立豐富的人際關係 · 計畫或準備
不重要	**第三類事：錯覺** · 大部分的會議 · 大部分的電話、郵件 · 大部分的接待、委託事項	**第四類事：浪費** · 打發時間 · 煲電話粥、長篇大論的郵件 · 待命時間

在職場上也一樣。有些學習、進修就是如此，雖然不是今天必須完成的工作，但最好為了將來而先有所準備。另外像是重要客戶對公司的滿意度訪談等等，或許也是其中之一。

從短視的角度來想，完成明天之前該完成的工作極其重要。不過我認為**平常只完成明天之前該完成的工作，這種糟糕的安排才是應該要解決的課題。**

為此，**「排定工作的優先順序，不做優先順序低的工作」**這種習慣很重要。

這應該可以說是一套非常有效的思考法，而且不僅適用於職場上而已。

我在思考自己的行程表時，還會多下一點工夫。那就是**在具體思考行程表時，盡可能忽視「急迫性」這項標準**。換句話說，我們平時早在不知不覺中，養成用「急迫性」這項標準來思考的習慣。

各位要不要也試著鼓起勇氣實踐看看，只用「重要性」這項標準去做思考如何呢？

結語

二〇〇〇年前後，我內心盤算著要出一本書，便請出過書的前輩告訴我出版第一本書的方法。那位前輩說：「寫好企劃書，前往書局一趟，挑出你想把名字印在上面的出版社，再把企劃書寄過去即可。然後等待對方聯絡你就好，很簡單吧。」老實如我，便聽從前輩的建議，複製了十份企劃書，寄送到出版社去。

有兩家出版社回信給我。其中一家就是後來幫我出版第一本書的東洋經濟新報社；另一家則是這次幫我出版本書的神吉出版。不過神吉出版當初的回覆是拒絕我說：「這樣的企劃無法出版。」收到回覆時，我當然很失望，但其他八家出版社都沒有回信。因此我還記得，即便是拒絕的訊息，神吉出版社還是在我心中留下了誠實的印象。

所以這次收到該社的出版邀約，我立刻就點頭答應了。這表示我的想法在十多年後傳達了出去。我感到非常高興。

在出版這本書之際，我所參考的當然包括我任職於瑞可利期間的「媒體學校」資料，還有我投稿在《日本商業內幕》與《日經風格》上的文章，以及我平常參考的書籍，例如《議題思考》、《為什麼我們這樣生活，那樣工作？》、《難題解決力》、《目標》等等，都是本書重要的資訊來源。衷心感謝。

我從事與數字有關的工作大約三十年了。更正確地說，是在各種職業或產業活用數字去經營事業。而且就如本書所說明的，我應用的只是四則運算程度的算術，再加上前人的各種智慧後加以活用。若這套思考法多少能幫助各位提升工作力，那將令我分外喜悅。誠摯感謝陪伴我到最後一頁的每一位讀者。

中尾隆一郎

最高數字思考術

解決問題最簡單的方法！
用小學生的「四則運算法」成為高績效職場強者，
19堂提升自我產值與賺錢敏銳度的數感課

「数字で考える」は武器になる

作　　者　中尾隆一郎
譯　　者　劉格安
主　　編　郭峰吾

總 編 輯　李映慧
執 行 長　陳旭華（steve@bookret.com.tw）

社　　長　郭重興
發 行 人　曾大福
出　　版　大牌出版／遠足文化事業股份有限公司
發　　行　遠足文化事業股份有限公司
地　　址　23141新北市新店區民權路108-2號9樓
電　　話　+886-2-2218 1417
傳　　真　+886-2-8667 1851

封面設計　陳文德
排　　版　藍天圖物宣字社
法律顧問　華洋法律事務所　蘇文生律師

定　　價　420元
初　　版　2023年1月

電子書E-ISBN
978-626-7191-66-8（EPUB）
978-626-7191-65-1（PDF）

國家圖書館出版品預行編目 (CIP) 資料

最高數字思考術：解決問題最簡單的方法！用小學生的「四則運算法」成為高績效職場強者，19 堂提升自我產值與賺錢敏銳度的數感課 / 中尾隆一郎 著；劉格安 譯 . – 初版 . -- 新北市：大牌出版 , 遠足文化發行 , 2023.1
280 面 ; 14.8×21 公分
譯自 :「数字で考える」は武器になる
ISBN 978-626-7191-62-0 (平裝)
1. 商業管理 2. 管理數學 3. 思考

494.1　　111019746